narita satoko

成田聡子

えげつない！寄生生物

egetsunai! kiseiseibutsu

新潮社

はじめに

「寄生」、と聞くと皆さんはどんなイメージを持たれるでしょうか。なんだか気味が悪い、ずる賢そう、自分だけ甘い汁を吸っていそう、痒くなりそう……など、どちらかと言えば負のイメージを持っておられる方が多いでしょう。しかし、寄生というのは「共生」のひとつの形態で、共生とはある生物と別の生物が単に同じところにいることを指します。そして、共生の中には、互いに得をする相利《そうり》共生、片方が利益を得る片利《へんり》共生の他に、片方が利益を得て片方が害を被る場合があり、これを寄生と呼んでいます。本書では、寄生の中でも、宿主をマインドコントロールし、自己の都合の良いように操る技をもつ選りすぐりの寄生生物たちをご紹介します。

ゴキブリを奴隷のように仕えさせる宝石バチ、泳げないカマキリを入水自殺させるハリガネムシ、アリの脳を乗っ取って自分の都合の良い場所で殺すキノコ。そして、体内を食い破られて瀕死の状態にありながらも寄生生物の子どもを守るために戦うイモムシ、寄生されると猫を恐れなくなり捕食されやすくなるネズミなど、恐るべきマインドコントロール術による寄生関係を紹介します。

各寄生生物の紹介の前には、寄生生物や、彼らに操られる宿主になったつもりでストーリーを付けてみました。もしあなたが寄生生物だったら？　あるいは寄生される宿主だったら？　などと想像しながら楽しんでいただけたら幸いです。

著者

目次

Case 01

カマキリとハリガネムシ
ハリガネムシの赤ちゃん→ は、水生昆虫に食べられて、お腹の中で休眠状態「シスト」に変身する！
お腹の中
水生昆虫が羽化して陸上へ飛び立ち、カマキリなどに食べられる…
捕まえた！
あ！
ハリガネムシは、カマキリのお腹の中で大きく成長してカマキリを川へ飛び込むようにマインドコントロール
あぁ‥今すぐ飛び込みたい…
ピク ピク
プカ プカ
川で死んだ昆虫たちは、ワシら川魚の貴重なエサや
さ、嫁さん探そう♪

水中への憧れ——あるカマキリの物語

「決して川には近付いたらいけない」


その教えを僕はこれまでずっと守ってきた。

僕たちは泳げない種族だから、絶対に川や水辺に近付いたりしちゃいけないんだ。これは僕ら種族の暗黙の掟でもあったし、そもそも、僕がまだ小さいときは水が怖くて川になんて近付こうとも思わなかった。

だけど、僕の大好物のカゲロウをたくさん捕まえて食べていくうちに、僕の体はどんどん大きくなってきたんだ。そして、水なんていつの間にか怖くなくなってきた。

むしろ、あの川のキラキラとした水面に、もっと近付いてその中を覗いてみたくてたまらなくなってきてしまったんだ。

だから、今日は、みんなには内緒で川に一番近い岩の上まで来てしまった。

あれ？　おかしいな。おしりのあたりが少しだけムズムズする。

いや、そんなことは今はどうでもいい。

近くで見る川は、なんて美しいのだろう。目の前全部が輝く世界でいっぱいになる。

この光り輝く世界には何かいいものがあるに決まっている。一度だけ、たった一度だけでいいから入って覗いてみたい。

僕はその欲求が抑えられなくなって、吸い込まれるように川に入ってしまった。

く、くるしい……さっきまであんなにも美しかった川の中は、ただ冷たく、息さえできない苦しみの世界だった。川の流れに飲み込まれ、薄れていく意識の中で、僕が最後に見たのは、僕のおしりから、ゆっくりと這い出てきた巨大な蛇のようなものだった。

Case 01 カマキリとハリガネムシ

泳げないカマキリが入水自殺!? ハリガネムシの驚くべきマインドコントロール術

まず、最後に水に飛び込んでしまったカマキリの生涯の一コマを読んでいただきました。水の中で泳げないはずのコオロギやカマキリ、カマドウマが川に飛び込んでいく様は、まるで入水自殺です。水に飛び込んだこれらの虫は溺れ死ぬか、魚に食べられるかしか道はありません。それにもかかわらず、なぜ彼らは水に飛び込んでしまうのでしょうか。

これらの入水自殺する昆虫たちの体内には、宿主の行動を操る寄生者が存在しています。それは「ハリガネムシ」という生物です。「ムシ」という名前はついていますが、昆虫ではなく、非

常に単純な形態をした動物で、脚などの突起物はなく、目さえもなく、成体は1本の線でしかありません。まさに黒っぽい針金のような形状をした生物です。

ハリガネムシって針金みたいな虫？

ハリガネムシ（針金虫）とは類線形動物門ハリガネムシ綱（線形虫綱）ハリガネムシ目に属する生物の総称です。世界には2000種以上いるといわれており、日本では14種が記載されています。

種類によっては体長数センチから1メートルに達し、表面はクチクラという丈夫な膜で覆われているため乾燥すると針金のように硬くなることからこの「針金虫」という名前がつきました。実際にハリガネムシの動画などを見るとわかりますが、ミミズのようにうねうねとした柔らかい動きはせず、もがいて、のたうち回るような特徴的な動き方をします。

では、ごく単純な形状のハリガネムシがどのようにしてカマキリなどの昆虫の体内に入り、自分の何倍もの大きさの昆虫を操って入水自殺させるのか、その生涯を少し覗いてみましょう。

ハリガネムシの赤ちゃん誕生

まず、ハリガネムシが卵を産むところを見ていきます。単純な形状のハリガネムシですが、オスとメスがあり、やはり交尾なくしては産卵できません。交尾は水中でおこなわれます。

広い川などで、この小さな体のオスとメスが出会う確率は奇跡に近いようにも感じますが、オスとメスが水の中でどのように相手を捜し当てるかは今のところわかっていません。それでも水の中でどうにか交尾相手を探し出します。そして、オスとメスが出会うと、お互いに巻き付き合って、メスは精子を受け取り、受精します。そのあと、卵の塊を大量に水中に産みます。

その卵は、川の中で1、2カ月かけて細胞分裂を繰り返し、卵の中で小さなイモムシのようになります。そして、卵から出てきたハリガネムシの赤ちゃん（幼生）は、川底で「あること」が起きるのをじっと待っています。何を待っているのでしょう。驚きですが、自分が食べられるのを待っています。カゲロウやユスリカなどの水生昆虫は子どものうちは川の中で生活し、川の有機物を濾《こ》してエサにしています。そういった昆虫に、運よく食べられるのを待っているのです。

食べられたハリガネムシの赤ちゃんは、ただエサとして消化されるわけにはいきません。この小さな小さなハリガネムシの赤ちゃんは「武器」を持っています。ノコギリのような、まさに、武器と呼ぶにふさわしいものが体の先端に付いており、しかも、それを出したり引っ込めたりすることができます。

食べられたハリガネムシの赤ちゃんは、このノコギリを使って水生昆虫の腸管を掘るように進みます。そして、腹の中でちょうどよい場所を見つけると、「シスト」に変身します。「シスト」とはハリガネムシの休眠最強モードです。イモムシのようだった体を折りたたんで、殻を作り、休眠した状態です。この状態だと、マイナス30℃の極寒でも凍らず、生きることができます。この状態で次は、川から陸に上がる機会を待っているのです。

川での生活から陸の生活へ

川の中で生活していたカゲロウやユスリカですが、成虫になると羽を持ちます。そして、川から脱出し、陸上生活を始めます。そのお腹の中には、眠っているハリガネムシの赤ちゃんがいます。

やがて陸上で生活するより大きなカマキリなどの肉食の昆虫が、ハリガネムシの赤ちゃんがお腹の中にいるカゲロウやユスリカを食べます。

こうしてカマキリの体内に入ったハリガネムシの赤ちゃんは目を覚まします。カマキリの消化管に入り込み、栄養を吸収して数センチから1メートルに大きく、長く成長します。ハリガネムシは体表で養分を吸収するので口を持たず、消化器官もありません。カマキリのお腹の中のハリガネムシはもう小さな赤ちゃんではなく、見た目は立派な針金です。繁殖能力も持つようになります。そうなってしまうと、ハリガネムシはウズウズし始めます。なぜウズウズするのでしょう。人間も同じかもしれませんが、子どもから大人になると異性の相手を見つけたくなるのです。

しかし、少し前に述べましたが、ハリガネムシの交尾は川の中でしかおこなうことができません。つまり、せっかく、陸にあがったにもかかわらず、結婚相手を見つけるにはもう一度川に戻る必要があります。

そのために、本来、陸でしか生活しない宿主昆虫をマインドコントロールして川に向かわせるのです。

謀られたカマキリの自殺

ハリガネムシが寄生しているカマキリなどの陸の昆虫は、川などには決して飛び込んだりしません。しかし、体内にいるハリガネムシは川に戻りたくてたまりません。成熟したハリガネムシに寄生されたカマキリは冒頭のシーンのように、何かに取りつかれたかのごとく、川に近付くと、飛び込んでしまいます。

その結果、溺れたカマキリのおしりから、大きく成長したハリガネムシがゆっくりとにゅるにゅると這い出てきます。そして、川に戻ったハリガネムシは相手を探して交尾をし、また産卵するのです。

どうやって自殺させているのか

ハリガネムシが宿主昆虫を水に向かわせることは、かなり昔からわかっていました。しかし、どんな方法で宿主の行動を操っているのかは謎でした。いまだにそのほとんどは謎ですが、2002年にフランスの研究チームがその方法の一部を明らかにすることに成功しました。

その研究ではY字で分岐する道を作り、出口に水を置いてある道と、出口に水がない道の枝分かれを作っておきます。その道をハリガネムシに寄生されたコオロギと、寄生されていないコオロギを歩かせます。

そうすると、寄生されているコオロギも、寄生されていないコオロギも、水のある方にもない方にも半々に行きます。つまり、寄生されているからといって水に向かう性質があるわけではないのです。

しかし、たまたま水がある出口に出てきたところで行動が変化します。寄生されていないコオロギは水がある出口に出たとしても泳げないため、飛び込んだりはせず、ここで止まります。しかし、ハリガネムシに寄生されているコオロギは、水を見るや否やほぼ１００パーセント水に飛び込んでしまいます。

この結果を見た研究者たちは、出口に置かれた水のキラキラした反射にコオロギが反応しているのではないかと予測します。そこで、次に、水は置かずに、単純に光に反応するかという実験もおこなっています。その結果、寄生されたコオロギはその光に反応する行動が見られました。

また、２００５年に同じ研究チームはコオロギの脳で発現しているタンパク質を調べています。ハリガネムシに寄生されている個体、寄生されていない個体、寄生されているけれどもまだ行動操作を受けていない個体、寄生されておしりからハリガネムシを出した後の個体などの脳内のタンパク質を比較しました。

その結果、まさにハリガネムシから行動操作を受けているコオロギの脳内でだけ、特別に発現しているタンパク質がいくつか見つかりました。それらのタンパク質は、神経の異常発達、場所認識、光応答にかかわる行動などに関係するタンパク質と似ていました。

さらに、それらの寄生されたコオロギの脳内にはハリガネムシが作ったと思われるタンパク質まで含まれていたのです。お腹の中にいる寄生者が脳内の物質まで作り出し、操っていたという驚きの結果です。

これらの研究から、ハリガネムシは寄生したコオロギの神経発達を混乱させ、光への反応を異常にし、キラキラとした水辺に近づいたら飛び込むように操っているのではないかと考えられています。

川で自殺する昆虫が魚の重要なエサ資源

ハリガネムシに寄生され、マインドコントロールされることによって川で自殺をする昆虫は日本全国で後を絶ちません。けれども、それらの昆虫はただ無駄死にしているのではなく、川や森の生態系において大切な役割をもっていることが研究によって明らかになりました。

２０１１年に発表された研究では、川のまわりをビニールで覆ってハリガネムシに寄生されたカマドウマが飛び込めないようにした区画と、自然なままの区画（入水自殺し放題!?）を２カ月間観察しました。

その結果、川に生息する川魚が得る総エネルギー量の60パーセント程度が川に飛び込んだカマドウマであることがわかりました。川魚のエサの半分以上は自ら入水した昆虫だったのです。

一方、カマドウマが飛び込めないようにした区画では、川魚は自殺するカマドウマを食することができないので、川の中の水生昆虫類をたくさん捕食していました。そのため、カマドウマが入水できない河川では、川魚に食べられ水生昆虫が減ります。これらの水生昆虫類のエサは藻類や落葉です。そのため、川の水生昆虫が減ると、その水生昆虫のエサとなるのを逃れた藻類の現存量が2倍に増大していました。同時に、水生昆虫が分解する川の落葉の分解速度は約30パーセント減少していました。

このように、昆虫の体内で暮らす小さな寄生者であるハリガネムシが、昆虫を操り、川に入水自殺させるだけでなく、河川の生態系にさえ、大きな影響をもたらしていたのです。

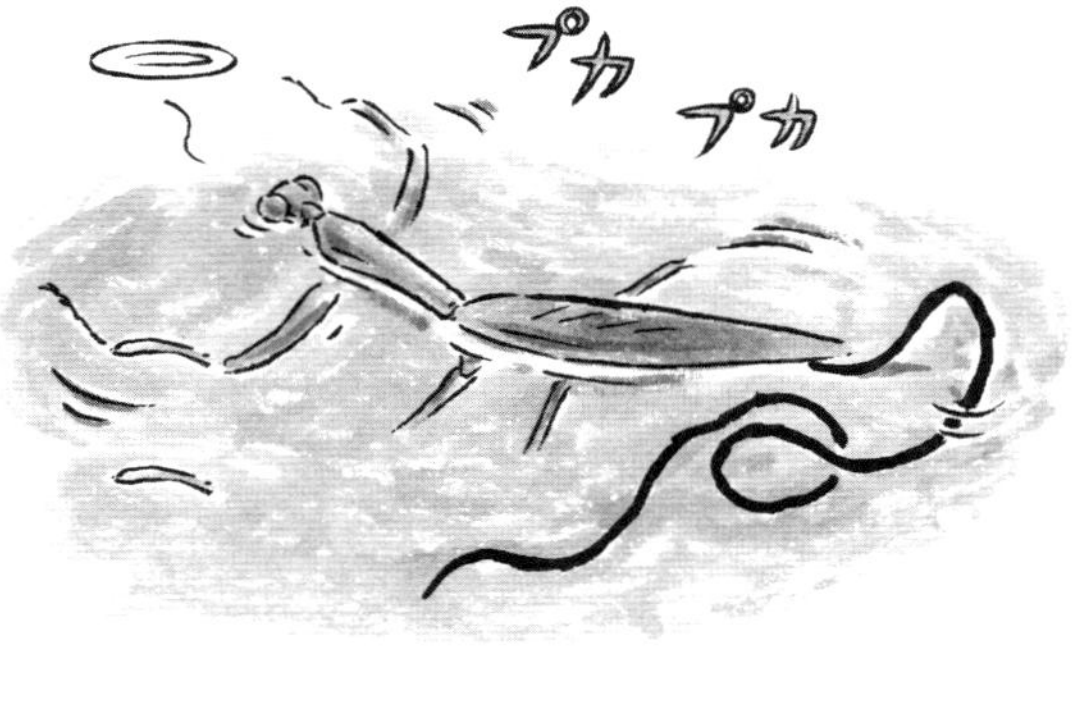

カマキリとハリガネムシ

エメラルドゴキブリバチ①
・メタリック光沢で「宝石バチ」とも呼ばれる
・体長２cm程度
・頑丈な顎でかみつく
キラ
キラ
狙い撃ち！
ブスッ
1回目
・胸部神経節に毒を送り込む
2回目
・脳へ毒を送り込む
こうしてゴキブリの「逃げる」という行動を抑制します
つかまったらお手上げやないか！
気をつけよう…

宝石バチとの出会い——あるゴキブリの物語

「もう何日くらいこの薄暗い洞穴で過ごしただろう」

アイツが昨日、出て行ったばかりの出口を見つめながら、そんなことを考えていた。

あの出口を破れば、そこにはまた太陽が輝く野山があり、昔のように自由に走り回れるんだ。あの出口なんて、ただの土で埋めただけの簡単に壊れそうな出口じゃないか。

なのに、どうしてだろう、そんな気にならない。

ここ数日の記憶はなんとなく曖昧で断片的にしか思い出せない。僕はきっと大事なことを忘れてしまっているんだ。よく、思い出せ。

最初にアイツに会ったのは、どこだったっけ。

そうだ、近所の草原だ。その日、僕は一生懸命、何か食べられるものを探していたんだ。

その時、ふと遠くからブーンという羽音が近付いてきて、ハチたちもこの近くで花の蜜でも探しているのかなと思った。次の瞬間、僕の胸のあたりにチクッという痛みが走った。

僕はびっくりして、振り返った。そうしたら、キラキラとしたまるで宝石のエメラルドのようなハチが僕の胸のあたりを刺していた。僕は痛みと急な襲撃に猛烈に腹が立って、そいつをすぐに追い払おうとした。

だって、そいつは僕の大きさの半分もない小柄な奴だったし、何よりこの僕は、この界隈ではすばしっこさではちょっと知られた存在だった。

こんな小さい奴、すぐに追い払ってやる。

さっそく、僕は素早く動く手足を使って、僕にのしかかってくるそいつに応戦した。だけど、そいつは顎で僕にかみついて離そうとしない。

なんだよ、こいつ、尻から針を出している。

僕を刺そうとしているんだ。

絶対に負けてなるもんか。

だけど、おかしい、前足に力が入らない。

どんどん、足の感覚がなくなって力が抜けていく。

そいつは動きが鈍くなった僕をここぞとばかりに押さえつけてきた。ほんの一瞬あの針が見えたかと思うと、頭のあたりがチクリとした。

そのあと、僕は意識が朦朧として、目の前が真っ暗になったんだ。

Case 02 エメラルドゴキブリバチ 1

ゴキブリを奴隷化する宝石のようなハチ その緻密かつ大胆な洗脳方法

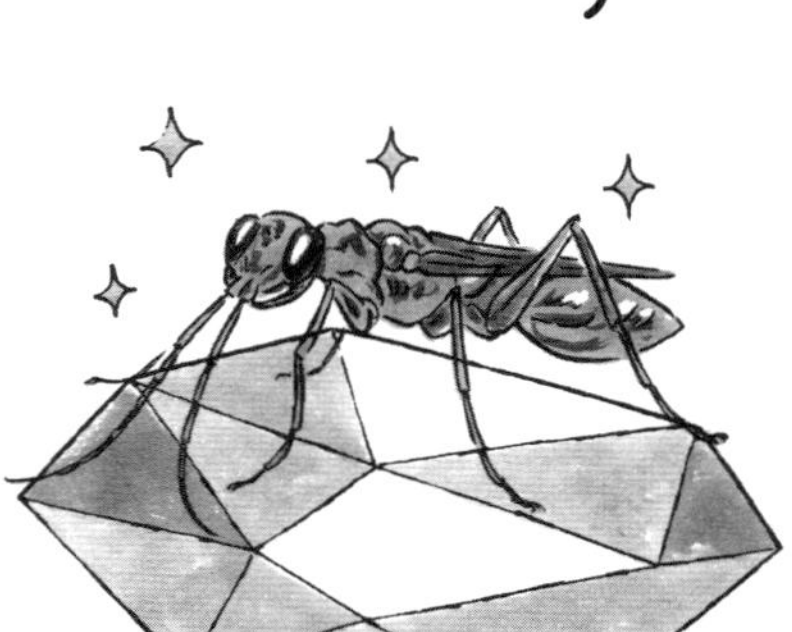

キラキラとしたハチに襲われたのは、ワモンゴキブリというゴキブリの一種です。日本に住む多くの方が一度や二度は自宅で目にしたことのある、あの虫です。

ゴキブリの種類は全世界に約４０００種もあります。その数は１兆４８５３億匹ともいわれており、日本だけでも２３６億匹が生息するものと推定されています。ざっと計算すると、日本人１人につき、２００匹のゴキブリがいるということですね。これを多いとするか、少ないとするかはさておき、ゴキブリはいろいろな意味で驚くべき昆虫です。

ゴキブリのすごい所4つ

第一に、ゴキブリは相当な古参者です。約3億年前の古生代・石炭紀に地球に登場した最古の昆虫の1つ。大きさも形も当時とほぼ変わっていません。3億年前なんて、人類はおろか哺乳類さえ地球に存在していなかった時代です。そんな時代から絶滅もせず、生き残ってきた奇跡の昆虫とも言えます。むしろ、私たちはそんな何億年にもわたって生きてきた生物と共存できている現在に、感動しなければならないのかもしれません。

第二に、ゴキブリは好き嫌いがなく何でも食べられます。昆虫の多くは、ある数種類の植物や昆虫しか食べられず、言わば好き嫌いが激しいのです。もちろん、実際は好き嫌いという嗜好の問題ではなく、他の種類の植物などを食べても栄養として吸収できない体なのです。しかし、ゴキブリは何でも食べる雑食性。人間の食べかすはもちろん、家の壁紙や本の紙、仲間の死骸やフンまで平気で食べて命をつなぎます。

第三にゴキブリはとても繁殖力旺盛です。ゴキブリのメスは一度の交尾で何度も産卵でき、そのたびに〝卵鞘《らんしょう》〟と呼ばれる、複数個の卵が納められているカプセルを産み落としていきます。

この1センチ強の卵鞘は、見た目は少し大きめの小豆のようです。そして、この卵鞘はとても硬い殻に覆われているので、殺虫剤が効きません。

一般家庭でよく見られるクロゴキブリの卵鞘1個の中には卵が22～28個入っています。そして、メスの産卵回数は15～20回。つまり、1匹のメスがゴキブリの子どもを500匹ほど産むことができるのです。「家にゴキブリが1匹出たら、100匹はいると思え」とはよく聞かれることですが、正確には「家にメスのゴキブリが1匹出たら、500匹はいると思え」が正確かと思われます。

第四にとにかく素早いこと。ワモンゴキブリの場合、1秒間に約1・5メートル走ることができます。つまり1秒間に自分の体長の40～50倍の距離を進むことに相当します。このスピードですが、人間の大きさに換算すると1秒間に85メートルほどのスピードで、東海道新幹線よりも速いということになります。

やはり、知れば知るほど卓越したその能力に敗北感を味わわされ、人はゴキブリを怖がり嫌うのかもしれません。しかし、そんな世界の嫌われ者のゴキブリを意のままに操り、奴隷のように自分に仕えさせるハチがいるのです。

ゴキブリを襲う美しいハチ

ゴキブリに襲いかかるのは、エメラルドゴキブリバチという寄生バチです。このハチは名前の通り、宝石のエメラルドのようなハチです。メタリック光沢を持ち、脚の一部はオレンジ色ですが、それ以外の部分はエメラルド色に輝く美しい金属の調度品のようです。その美しさから、英語圏では「ジュエル・ワスプ（宝石バチ）」と呼ばれています。

エメラルドゴキブリバチは主に南アジア、アフリカ、太平洋諸島などの熱帯地域に分布するジガバチ（セナガアナバチの一種）の仲間で、体長は2センチ程度です。残念ながら、日本には住んでいません。

このハチの名前には「エメラルド」の他に「ゴキブリ」という言葉も入っています。お察しのように、このハチはその名の通り、ゴキブリだけを襲撃します。そして、その襲撃相手は、ワモンゴキブリやイエゴキブリなど自分よりも倍以上体の大きいゴキブリたちです。

しかも、先ほども少し触れましたが、ゴキブリはその素早さを武器に、走り去ったり、飛んだりすることもできます。自分の体よりも何倍も大きく、素早いゴキブリを襲撃して、成功する確率はかなり低そうに見えます。しかし、このエメラルドゴキブリバチには秘策があります。

では、その緻密かつ大胆な秘策を見ていきましょう。

逃げる気が失せるゴキブリ

エメラルドゴキブリバチは、最初に逃げまどうゴキブリの上から覆いかぶさり、顎でかみついて身動きを取れないようにします。そして、すばやく針を刺します。針を刺す場所は、かなり厳密です。

どんな場所に針を刺していたかについて、2003年に行われた研究で明らかになりました。この研究では、放射性同位体をトレーサーとして用いて、ハチの毒がゴキブリの体のどこに向かったかを追跡しました。すると、ハチの毒はゴキブリの胸部神経節に入っていることがわかったのです。しかも、その場所に毒を注入されることによって、ゴキブリは前肢が麻痺しました。

この1回目の麻酔は、2回目の注入のための準備です。前肢が麻痺したゴキブリはほとんど動けなくなります。その間に、より正確な場所を狙ってゴキブリの脳へ毒を送り込みます。

次の2回目の注入では、ゴキブリの逃避反射を制御する神経細胞を狙ってハチの毒が流入しています。つまり、1回目の注入で、ゴキブリを暴れないようにし、2回目の注入で「逃げる」という行動そのものを抑えていたのです。

2回目の注入の効果について明らかにした2007年の論文があります。この論文では、エメラルドゴキブリバチの毒が神経伝達物質であるオクトパミンの受容体をブロックし、それによって「逃げる」という行動を抑制していたことが明らかとなっています。

逃げる気を失ってしまったゴキブリは、この後どうなってしまうのでしょう。

エメラルドゴキブリバチ②
大切な触角を2本とも噛み切られたうえに、巣穴まで連行される
あっ!
えいっ!
ブチッ
どこへ連れていかれるんだろう〜
トコトコ
これで子供たち安全だ♪
ガガ…
卵
巣穴ではエメラルドゴキブリバチの卵を肢に産み付けられる
もう、何がなんだか…
い〜〜ん
Hello world!
卵から幼虫に孵ると、ゴキブリの体内に侵入。内臓をたっぷり食べた幼虫は蛹になり、4週間後成虫となり亡骸を突き破る!

洗脳された僕——あるゴキブリのその後

ふと意識が戻ると前足に力が入るようになっていた。僕はすっくと立ちあがった。そこには、まだあのキラキラとしたアイツがいた。そして、僕にゆっくり近付いてきた。逃げなきゃ、また何かされる。

そう思う自分もいるし、体も動く。なのに、僕はなぜか逃げようという気になれず近付いてくるそいつを見ていた。そいつは僕の顔のところにきて、僕の大事な大事な触角を2本とも真ん中のところでちょん切った。

僕の触角——光を感じ、匂いを感じ、その日の天気を感じ、ご飯がどこにあるか、それを教えてくれるたった2本しかない触角。それを、何のためらいもなく、アイツは真ん中から切り落とした。この時、死ぬ気で戦えば、アイツから逃れられたかもしれない。だけど、どうしようもなく、そんな気が起こらなかったんだ。

アイツは、僕を連れてどこかへ移動する気のようだ。半分になった僕の触角をちょいちょいと引っ張って、こっちへ来いと言ってくる。僕はただアイツに従って歩くことしかできなかった。

そして、この真っ暗な洞穴にきたのだ。

そのあと、アイツは僕に何をしたんだ？　すごく気持ちが悪かったのだけは覚えているのに……。あぁ、頭がぼんやりとする。僕は何かもっと重要なことを思い出さなくてはいけない気がする。

待てよ、そうだ。

あのあと、アイツがおもむろに、僕の肢の根元に丸い小さな卵を産み付け始めたんだ。僕は何度も、「そんな気持ちの悪いことやめてくれ」と言おうかと思った。だけど、僕はそうしなかった。それに、アイツの小さな卵なんて僕の器用な肢を使えば払い落とすことだってできた。だけど、僕はそうしなかった。なぜだか、そうする必要がないように思ってしまったんだ。

その数日後に、僕に産み付けられた小さな卵から小さなイモムシみたいなヤツが出てきた。そして、ゆっくりと僕の体に穴をあけて、腹の中にモゾモゾと入っていった。僕はただそれをじっと見ていた。なんてことだ。

僕の体に入っていったアイツらは今頃何をしているんだろう。日に日に、僕のお腹の中でモゾモゾとアイツらが動き回るのを強く感じるようになってきているんだ。

Case 03 エメラルドゴキブリバチ 2

宝石バチによる〝ロボトミー手術〟ゴキブリの切なすぎる末路

ぼーっとするゴキブリ

他の昆虫やクモ類などを捕らえて巣に持ち帰り、自分の子どものエサにするハチは「狩りバチ」と呼ばれます。これらのハチは、獲物を持ち帰る際、一発の毒で獲物を仮死状態にして巣に持ち帰ります。つまり、お持ち帰りできる大きさの獲物を狙います。

しかし、エメラルドゴキブリバチの獲物は自分の体よりも何倍も大きいワモンゴキブリです。仮死状態になってしまったら、自分の力では巣に持ち帰ることができません。そのために、仮死状態にはせず、より複雑な毒を組み合わせて、獲物を自分の足で歩かせるのです。

では、2回目の毒を脳に注入されたゴキブリのその後を見ていきましょう。

ゴキブリは麻酔から覚めると何事もなかったように起き上がります。ほぼ無傷で元気に生きてはいます。しかし、1回目の毒を注入された時と違い、もう暴れたり逃げようとしたりはしません。それは、前項でもお話ししましたように、逃避反射を制御する神経細胞に毒を送り込まれているからです。

逃げる気を失ってしまったゴキブリはまるでハチの言いなりの奴隷です。ゴキブリは自分の足で歩くこともできますし、普段通りの身づくろいなど自分の身の回りのことをすることもできます。ただし動きが明らかに鈍く、自らの意志ではほとんど動きません。

このように2回毒を注入されたゴキブリは約72時間、遊泳能力や侵害反射が著しく低下しますが、一方で飛翔能力や反転能力は損なわれていないことが研究により明らかとなっています。

大事な触角が！

ただ、ぼーっと突っ立っているゴキブリを見ると、エメラルドゴキブリバチは、さらに、ゴキブリに酷いことをします。ゴキブリの触角を2本とも半分だけ嚙み切るのです。

ゴキブリの触角は、人間の想像以上に大切な器官です。この触角を頼りに生活しているといっても過言ではありません。まず、この触角で障害物を察知しています。触角に感じる風の動きや刺激によって、障害物があるのかないのかを認識し、それによって自分の進む方向を決めています。また、エサを探すときにも触角を使います。あの長い触角をフリフリさせて、エサを察知します。

そんな大切なゴキブリの触角をエメラルドゴキブリバチは容赦なく真ん中から切り落とします。切り落とされた触角からは当然、ゴキブリの体液が溢れます。ハチはこの体液を吸う行動を見せます。

この行動はハチが単に自分の体液を補充するため、あるいはゴキブリに注入した毒の量を調節するためであると考えられています。毒が多すぎるとゴキブリが死んでしまい、また少なすぎても逃げられてしまうからです。

この脳に対する毒の注入と、それによる行動の制御は、まさに人間でおこなわれた〃ロボトミー手術〃のようです。

人間で実際におこなわれていた恐ろしい脳手術

脳の前頭葉の一部を切除あるいは破壊するロボトミー手術は、1935年にアントニオ・デ・エガス・モーニスという神経学者が考案した療法です。興奮しやすい精神病患者や自殺癖のある鬱病患者にこの手術をおこなうと、感情の起伏がなくなり、おとなしくなりました。

そのため、この手術が精神疾患に絶大な効果があるとされ、この手術の開発の功績によってモーニスはノーベル賞を受けています。そして、その後、20年以上世界で大流行し、日本でも1975年までおこなわれていました。

ロボトミー手術は「脳を切り取る手術」のため、頭蓋骨に穴をあけて長いメスで前頭葉を切る方法や、眼窩からアイスピック状の器具を打ち込み、神経繊維の切断をするといった方法がとられました。

しかし、１９５０年代に入ると、この手術の恐ろしさが徐々に明るみに出てきます。ロボトミー手術を受けた患者は、知覚、知性、感情といった人間らしさが無くなっているという後遺症が次々と報告されました。そして、１９６０年代には人権思想の高まりもあってほとんどおこなわれなくなりました。

日本では１９４２年に初めておこなわれ、第二次世界大戦中および戦後しばらく、主に統合失調症患者を対象として各地で施行されました。その間に日本でも3万人から10万人以上の人が手術を受けたと言われています。

さらに、日本では、このロボトミー手術を受けた患者が、自分の同意のないまま手術をおこなった医師の家族を、復讐と称して殺害した事件まで起きています（ロボトミー殺人事件）。

犬の散歩ならぬゴキブリの散歩

話を哀れなゴキブリに戻しましょう。

ロボトミー手術のようなことをされたゴキブリは、逃げる気を失い、触角を半分切り取られてもぼんやりとしており、本来の機敏さもありません。そして、エメラルドゴキブリバチがゴキブリの触角をちょいちょいと引っ張ると、その方向にゴキブリは歩いていきます。まるで犬の散歩のようです。そして、ハチの促すままにある場所へと自分の足で歩いていきます。

着いた場所は、真っ暗な地中の巣穴です。これはエメラルドゴキブリバチの母親が、自分の子どもを育てる場所として事前に作っておいた巣です。ゴキブリは自分の足で歩いて巣穴の奥深くに到着すると、長径2ミリほどのエメラルドゴキブリバチの卵を肢に産み付けられます。その間もゴキブリはじっとしています。

卵を産み付け終わると、ハチは地中の巣から自分だけ外に出ます。そして、外側から、巣穴の入り口を土で覆います。これは、自分の卵とその卵を産み付けられたゴキブリが他の捕食者に見つからないようにするためです。そして、ハチは次の産卵のために、またゴキブリを探しに飛び立ちます。

閉じ込められたゴキブリはというと、巣穴の出入り口を塞がれても、相変わらず巣の中でおとなしく待っています。何を待っているのか。それは、もちろん、ハチの子が卵から出てくるのを、です。

体を食い荒らされてもなお生きる

ハチの子が卵から孵《かえ》るまでは3日間程度あります。その間も、ゴキブリは肢の根元についている卵をくっつけたまま、静かに自分の身づくろいなどをして過ごしています。やがて、エメラルドゴキブリバチの幼虫が卵から孵ると、ハチの子どもはゴキブリの体に穴を開けゴキブリの体内に侵入していきます。

ゴキブリはもちろん生きていますし、そしてある程度自由に動き回れる力も残っていますが、なんの抵抗も示しません。

そして、その後の約8日もの間、ゴキブリは生き続けたまま、ハチの子どもに自分の内臓を食されます。生きたまま食すのには理由があります。このエメラルドゴキブリバチの幼虫は死肉ではなく新鮮な肉から栄養を摂取したいのです。そのため、自分が蛹になって肉を食べなくなるぎりぎりの時期までゴキブリを生かすように食べ進めます。

死んでもまだ役に立つゴキブリ

ゴキブリの内臓をたっぷりと食べたエメラルドゴキブリバチの幼虫は、ゴキブリの体内で大きくなり、やがて蛹になります。そして、ゴキブリはハチの子どもが蛹になって体を食べなくなると、その使命を果たし終わり、ひっそりと息を引き取ります。

しかし、内臓が空っぽになったゴキブリにもまだ役割はあります。内臓は空っぽですが、外側はゴキブリそのものです。昆虫は外骨格といって、外側の殻が最も固く、内臓や筋肉を守っています。エメラルドゴキブリバチはゴキブリの殻の中で蛹になります。ハチの子どもは蛹の間の4週間、動けず完全に無防備な状態です。その間をこのゴキブリの固い亡骸で守ってもらっているのです。

そして、ハチの幼虫が蛹になって4週間後、成虫となったエメラルドゴキブリバチは、ゴキブリの亡骸を突き破り、美しいエメラルド色の姿で飛び出してきます。

ゴキブリ対策として、どう？

エメラルドゴキブリバチの成虫の寿命は数カ月あります。そして、ハチのメスがゴキブリに数十個という卵を産み付けるには1回の交尾で十分なのです。

じゃあ、衛生害虫としても問題になるゴキブリをエメラルドゴキブリバチにどんどん狩ってもらえばいいのでは？　そう思われた方も多いでしょう。もちろん研究者にもそう考えた方はいました。

１９４１年、エメラルドゴキブリバチはゴキブリの生物的防除を目的としてハワイに導入されました。結果はというと、残念ながらゴキブリ防除には期待していたほど効果がありませんでした。

なぜなら、エメラルドゴキブリバチを大量に放し飼いしても、このハチは縄張り行動が強いため、広い範囲に広がってはくれませんでした。また1匹あたりで数十個という卵しか産まないため、ゴキブリの繁殖力に比べると歯が立ちませんでした。

日本にもいるゴキブリを狩るハチ

エメラルドゴキブリバチは日本には生息していませんが、近縁の2種類のセナガアナバチ属がいます。セナガアナバチ（サトセナガアナバチ）とミツバセナガアナバチです。日本産の2種はエメラルドゴキブリバチよりもやや小ぶりで、体長は15～18ミリ程度です。

セナガアナバチは本州の愛知県以南、四国、九州、対馬、種子島に、ミツバセナガアナバチはさらに南方の、奄美大島、石垣島、西表島に生息しています。

この2種はエメラルドゴキブリバチ同様、体色は金属光沢を持ったエメラルド色で、クロゴキブリ、ワモンゴキブリなどを幼虫のエサとすることが知られています。

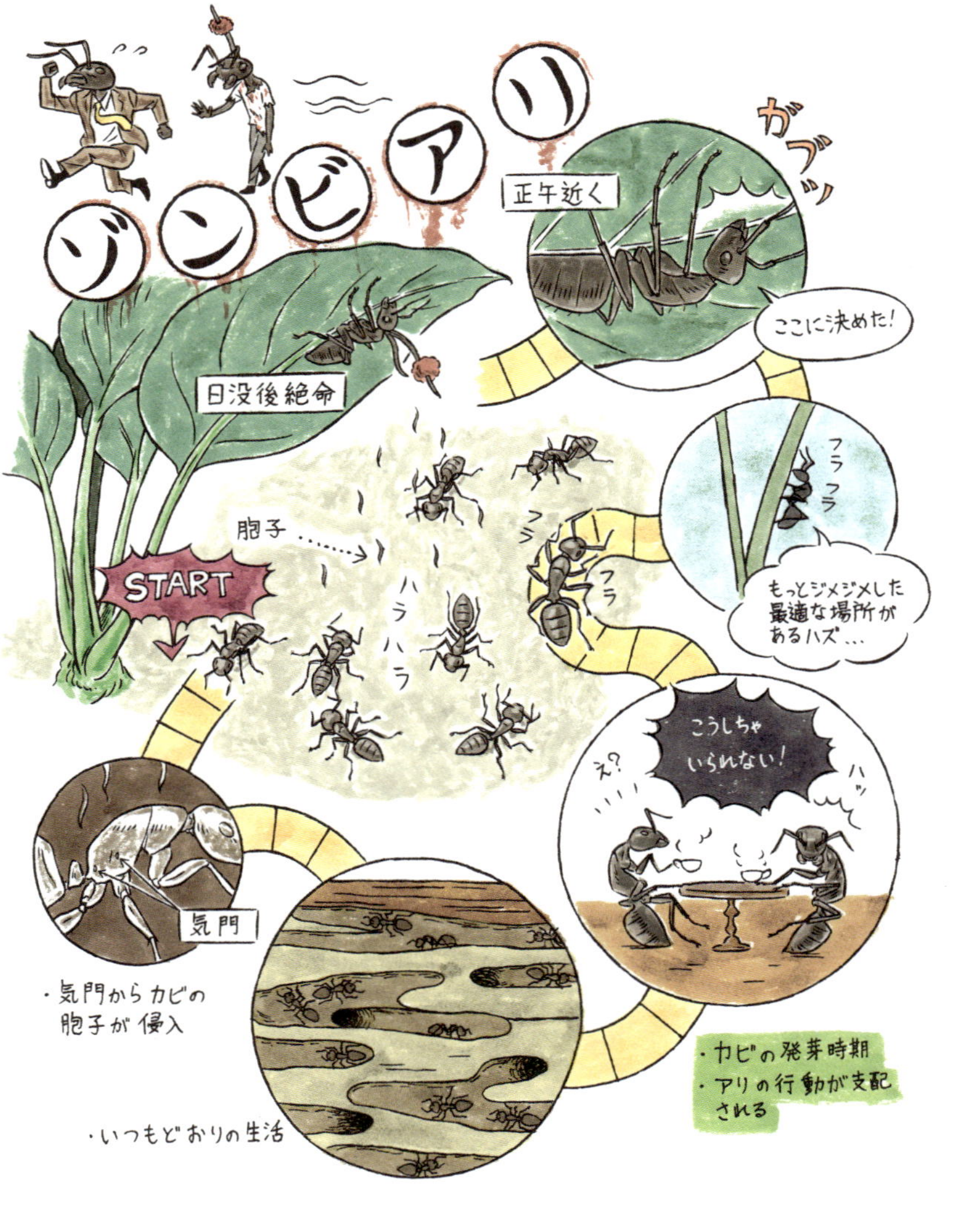
ゾンビアリ
ガブッ
正午近く
ここに決めた!
日没後絶命
胞子
START
ハラハラ
フラフラ
フラフラ
もっとジメジメした最適な場所があるハズ…
こうしちゃいられない!
え?
ハッ
気門
・気門からカビの胞子が侵入
・いつもどおりの生活
・カビの発芽時期
・アリの行動が支配される

恐怖のどん底——あるカーペンターアリの物語

「この話を聞いても仲間はきっと信じないだろう。僕が目にしたものは、現実とは思えないほどおぞましいものだった。そうだ、僕が見たものはきっと現実じゃない。あの一連の出来事は誰にも言わず、早く忘れた方がいいんだ」

そうして、僕は静かに目を閉じた。

僕たちはこのアマゾンの森ではちょっと知られた存在だ。この立派な大顎を見てほしい。この大顎で、仲間と大群を作って自分たちの体より何倍も大きい相手を倒すこともできる。

それに、僕たちは樹木の中に立派で美しい家を作ることもできる。だから、僕たちをカーペンター（大工）アリと呼ぶ人もいる。

仲間や家族と一緒に狩りをしたり、協力して立派な家を作っていくことに僕たちは生きがいを感じている。

だから、群れから離れて仕事をさぼろうとする奴なんてほとんどいない。

だけど、この頃、嫌な噂を耳にした。

ある日突然、群れからふらふらと離れて行く奴がいるって。そして、そうやって離れていった奴は二度と群れに戻ってこないんだって。

それまで、僕は自分の仕事に夢中で離れていく仲間がいるなんて目に入っていなかった。だけど、この噂を聞いてから仕事中も周りをよく見るようになった。

そして、ある日、僕は群れから離れていく奴を見つけた。

僕は急いで、そいつの後を付けていったんだ。

そいつは、群れから離れると狂ったように歩き回って何かを探しているみたいだった。

さらに、その歩き方は何となく気味が悪かった。なんていうんだったっけ。そう、ゾンビみたいなフラフラとした歩き方なんだ。

そいつは、ジメジメとした場所で急に立ち止まり、そこに生えていた草に登り始めた。そして、僕たちの自慢の大顎でその草の葉にしがみついた。僕は、その草の近くに身を潜めて、次にそいつがどうするかをこっそり見守ろうと思った。

その後、どのくらいたっただろう。さっきまで明るかった辺りは暗くなり、葉にしがみついた仲間もそのままだ。

「いや、違う！　死んでいる！」

僕の仲間は大顎で葉に噛みついたまま絶命していた。

「なぜ……、なぜなんだ……」

僕は、仲間の屍を見上げながら、動くことができなかった。

そして、日がどっぷりと暮れて、静かな闇が辺りを包んだ。月明りで照らされた仲間の屍はそのシルエットがはっきりと浮かび上がっている。

「このまま、ここにいても僕には何もできはしない、群れに帰ってみんなにあるがままを話そう」

帰る前に、最後にもう一度だけ謎の死を遂げた仲間の姿を目に焼き付けておこうと振り返った。すると、どうだろう、仲間の頭に何かが付いているように見えた。

「あれは、なんだ？」

良く目を凝らして暗闇に浮かぶ屍となった仲間のシルエットを見つめた。すると、その何かはさらに仲間の頭部からニュルリと出てきたように見えた。

「何か恐ろしいものが仲間の身体の中にいる」

そう直感した。

あまりの恐怖に耐えられなくなり、僕はその場から走り去った。

Case 04 ゾンビアリ

アリがゾンビになる!? 死ぬ場所・時刻まで操る恐ろしい寄生生物の正体

恐怖のどん底に落とされた主人公はブラジルの熱帯雨林などに住む「カーペンターアリ」です。群れを離れて、ふらふらと歩きだした仲間は、この時すでに「あるもの」に心も体も乗っ取られていました。その「あるもの」とは「キノコ」や「カビ」の一種です。鍋に入れたり、焼いたり、炒めたりするだけで簡単に美味しくいただける、あのキノコの仲間です。

キノコは真菌と呼ばれる生物の一種です。この真菌には、キノコ・カビ・酵母などが含まれま

す。細菌よりも大きく、細胞の中に細胞核と呼ばれる細胞小器官をもっています。

キノコは、木や土の中に菌糸を張ります。この表面に出ない菌糸の部分が、キノコの本体ですが、私たちはほとんど目にすることはありません。では、いわゆる「キノコ」として売られて私たちが食しているあの部分は何でしょうか。それは、「子実体《しじつたい》」と呼ばれるものです。

ゾンビアリの頭からニュルリと出てきたのは、実はこの「子実体」の部分です。このように、子実体としてのキノコを作り、そこから大量に次のキノコの種となる胞子を撒くのです。

キノコとカビは分類的にはほとんど差がありません。唯一の違いは、胞子を作る「子実体」が、キノコの場合は肉眼で見える程に大きくなり、カビは大きくならないという点です。「キノコ」という名称も、菌類のうちでも比較的子実体が大きいもの、あるいはその子実体じたいにつけられた俗称なのです。

今回、アリの頭から生えてきた子実体は肉眼でも見えますが、食べ応えがあるほど大きくはないので、ここではアリから生えてきたものは「カビ」と呼ぶことにします。

では、この先は頭からカビが生えたアリの体内で何が起こっていたかを見ていきましょう。

アリ体内に侵入する寄生カビ

カーペンターアリに感染して寄生するのはカビである子嚢菌類の一種です。感染の経路はまずカビの胞子がふわふわと上から落ちてくるところから始まります。そのカビの胞子はアリの「気門」から体内に侵入します。「気門」は昆虫特有のもので、空気を取り入れるための器官です。

体内に入ったカビはアリの組織を溶かしながら進み、最終的に脳にまで深く侵入していきます。そして、アリの脳まで達すると、アリの脳を支配し、アリの行動を操ることができるようになります。

このカビに感染したアリは、感染して死亡するまで3〜9日ほどかかります。この間、アリの体内ではカビの感染が広がっていますが、自分の巣で他のアリと接触し、エサも食べるなど、いつもどおりの生活をおくります。

脳を乗っ取られたゾンビアリの目指す場所

アリの体内に広がったカビの発芽時期がくると、アリの行動は完全にカビに支配されます。フラフラとゾンビのように歩き回って、体内にいるカビの生育に最適な温度と湿度の環境を探します。

カビにとって好都合なジメジメとした暖かい場所まで移動すると、アリは植物によじ登って葉に大顎で嚙みつきます。葉の葉脈の部分にガッチリと嚙みつくと、体を葉にしっかりと固定させます。この行動の後に、アリは絶命します。しかし、アリが死んだ後であっても、アリの嚙みついた顎は外れず葉にくっついたままになっています。

寄生されたアリを観察した論文では、このアリを解剖したところ、葉脈に嚙みついた時点で、アリの頭部はすでにカビの細胞が充満していたことがわかりました。さらに、寄生されたアリは下顎や顎の筋肉が萎縮していました。これにもカビの戦略があると考えられています。寄生カビは下顎や顎の筋肉の中のカルシウムを吸い上げ萎縮させることで、死後硬直と同じ状態を作り出していたのです。このことにより、アリが死んでも、顎が葉から外れることを防いでいると考えられました。

死ぬ時刻さえ操られる

この寄生カビは感染したアリの死ぬ場所だけでなく、その時刻さえ精密に操っていることがわかってきました。

このカビに寄生されたアリは、ほぼすべての個体が正午近くに死ぬべき最終地点に到達します。アリが葉脈に最後に噛みつくのは正午ですが、実際にはアリは日没まで生きています。そして、日没になると絶命します。その後、夜になると寄生カビがアリの頭を突き破って発芽します。

アリの体内にいるカビは、アリの体の中にいるときは守られていますが、発芽して外に出ると無防備な状態になります。多くのカビの場合と同様に、この寄生カビも高温や太陽光には弱く、暑い日中に発芽してしまうと死んでしまう確率が高まります。そのため、アリの頭を突き破って発芽するプロセスを、涼しい夜の間におこなうようアリを操っていると考えられています。

そして、アリの死骸を苗床としてアリの頭から子実体をニュルリニュルリと発芽させます。この子実体が大量に抱えた次のカビの子となる胞子を、放出します。このカビの胞子は粉状で、それが地上にゾンビパウダーのごとく降り注ぎ、地上にいるアリに再び寄生するのです。

このように、自分の意思で動くこともできず、粉（胞子）と菌糸でできているカビのような生物であっても、寄生した相手の行動を複雑に操作する驚くべき戦略を持っているのです。

【番外編】ゾンビ昆虫は健康に良い？

カーペンターアリに寄生するカビのように、昆虫の行動さえ操るカビはとても珍しいです。しかし、昆虫の頭からニュルリとカビの子実体が出てくる例は他にもあります。

それは、「冬虫夏草《とうちゅうかそう》」です。この冬虫夏草は、古来から強壮・精力増強、疲労回復、諸病治癒、不老長寿に著効ある高貴薬として、中国の宮廷を中心に常に珍重されてきました。

実は冬虫夏草とは、昆虫と菌種の結合体で、セミやクモなどの昆虫に寄生したカビの総称です。

これらの昆虫もカビに寄生され、昆虫の死後、その頭からこん棒状のカビの子実体を発芽させるのです。

高級漢方としては、コルディセプス・シネンシスと呼ばれるコウモリガ科の幼虫に寄生したものが有名です。

高級漢方ゾンビ昆虫ができるまで

冬虫夏草は冬の間は虫であり、夏になると草（キノコ＝カビ）になってしまうという不思議な現象から付けられた名前です。

冬虫夏草のでき方を見ていきましょう。

夏の間、昆虫は卵から幼虫に成長し、土の中に潜っていきます。土の中に潜った幼虫は植物の根の栄養分をエサとして成長します。この時、この土の中で「冬虫夏草」のカビに感染してしまうのです。

カビは生きた昆虫の体内に侵入し、昆虫の栄養分を体内で吸収しながら、広がっていきます。

カビに養分を取られた昆虫は危険を感じるようになり、必死に地面から這い出ようとします。しかし、地面から出る前にカビのせいで死んでしまうのです。

土の中で死んだ昆虫の体内ではカビが死肉から養分を吸収して成長を続けます。このとき、寄生された昆虫は外側は昆虫の形をしたままですが、中身はカビに食いつくされています。外見は昆虫ですが、その中身はカビ、まさに、ゾンビ状態です。この状態が「冬虫」と呼ばれます。

そして冬が終わり、夏が来ると、このゾンビ化した昆虫の頭から発芽した小さな頭（菌の子実体）が地表に出て、少しすると子実体はこん棒状にニュルリと伸びます。これが「夏草」と呼ばれ、「冬虫夏草」が完成します。

こうした昆虫に感染するカビの生態は多くの謎に包まれています。ですが、カビと宿主である昆虫種の組み合わせはほぼ決まっています。

ゾンビアリ

ゾンビイモムシ
ブーーン
見つけた!
80個の卵を産みつける
プスッ
あっ
幼虫たちは、イモムシの体をぎりぎり死なない程度まで食べる
し〜〜ん
モグモグ
イモムシの体を突き破って出てきた幼虫は蛹になる
まだ死ねない…
ウマそう
BAM!
BAM!
わ〜
わ〜
蛹を狙う昆虫から守るため、激しく体を揺すって追い払う。
イモムシさんありがとう
完

心も体も私のもの――あるコマユバチの物語

私が、どこにいるか見える？

体の大きなあなたたち人間には私の姿なんてよく目を凝らさないと見えないんじゃないかしら。だって、私は成虫になって卵が産めるようになっても数ミリの大きさしかないんだから。

ほら、私はここよ。

いえ、違うの、私をそこらへんの小バエと一緒にしないで、失礼ね。私はこんなに小さくても、ちょっとした異名を持っているんだから。

まあ、それも人間たちが勝手につけた名前なんだけど。

それでも、その名前はユニークだし、なんとなくおどろおどろしいところが結構気に入っているのよ。

私の名前、知りたい？

教えてあげてもいいわ。「ブードゥー・ワスプ（ブードゥー教のハチ）」っていうのよ。

素敵でしょ？

もちろん、私はハチだから人間たちの世界の「ブードゥー教」に入信してるわけじゃないわよ。

ブードゥー教みたいなことをするハチって意味よ。やることがそっくりで恐ろしいんですって。

え？　ブードゥー教のことも知らないの？

私も詳しくは知らないけど、西アフリカなどで信じられている民間信仰のことみたいよ。ブードゥー教では人間の死体をゾンビとして蘇らせる秘儀があるんですって。

人間も、ちょっとはすごいことができるのね。

でもね、私たちはもっと昔からそんなことやってきたし、私たちの方がもっと過激よ。

瀕死の生物を生き返らせて凶暴なゾンビにするの。しかも、その凶暴なゾンビを操ることさえできちゃうのよ。

見たいの？　あなたも悪趣味ね。

まあ、いいわよ。ちょうど、お腹が張って、卵を産みたくなってきた頃だしね。

いたいた。あれよ。あの葉の上にいるイモムシにするわ。

確かに私より何十倍も体は大きいけど、あいつは動きが鈍いから大丈夫。数分くらいで、あのイモムシに私のお腹の中の卵たちを産み付けられると思うわ。

平気、平気、80個くらいの卵、難なく産めるわ。ひとっ飛びして、あのイモムシの体内に卵を産み付けてくるからそこで見てなさいよ。

どう？　手早いものでしょう？　動きが素早い私たちにはわけないわ。

この先は、わかるでしょう。イモムシに入った私の子どもたちがイモムシの体中の肉を食べて成長するのよ。

いいえ。イモムシは死なないわ。

あの子たちはイモムシが死なないぎりぎりのところをちゃんとわかって食べているの。

しっ。出てきた。

大きく成長したあの子たちを見てよ。あの大きさなら蛹になるのに十分だわ。

ええ。あの子たちに生きた肉を提供してくれて、育ててくれたイモムシには感謝してるわ。

でも、あのイモムシにはまだ仕事が残っているのよ。

まだまだ死んでもらったら、困るわ。

だって、あの子たちはイモムシの体から出てしまったら無防備でしょう。しかも、蛹になってしまったら、長い間、自分の意思では動けないわ。他の虫たちの格好の獲物になってしまう。

だから、あのイモムシにはもう少し生きて働いてもらわなくちゃね。

来た来た。蛹になったあの子たちを狙っている虫が草に登ってきてるわ。

あはは、いいわ！　その調子！

イモムシが体をぶんぶんと揺さぶって敵を追い払ってるでしょう。あの温厚で動きがびっくりするほど鈍かったイモムシがよ？

しかも、体の中身なんてほぼ私の子どもたちに食べつくされてるんじゃないの？

なのにね、私の子どもたちが体内に入ると性格まで変わっちゃうのよね。

あとは、私の子どもたちが蛹から成虫になって飛び立つまで、イモムシがしっかりと守ってくれるから安心よ。

これで、私たちが、ブードゥー・ワスプって呼ばれている意味がちょっとはわかったかしら。

じゃあ、またね。

Case 05 ゾンビイモムシ

死体を蘇らせるコマユバチ 心も体も操られるイモムシの断末魔

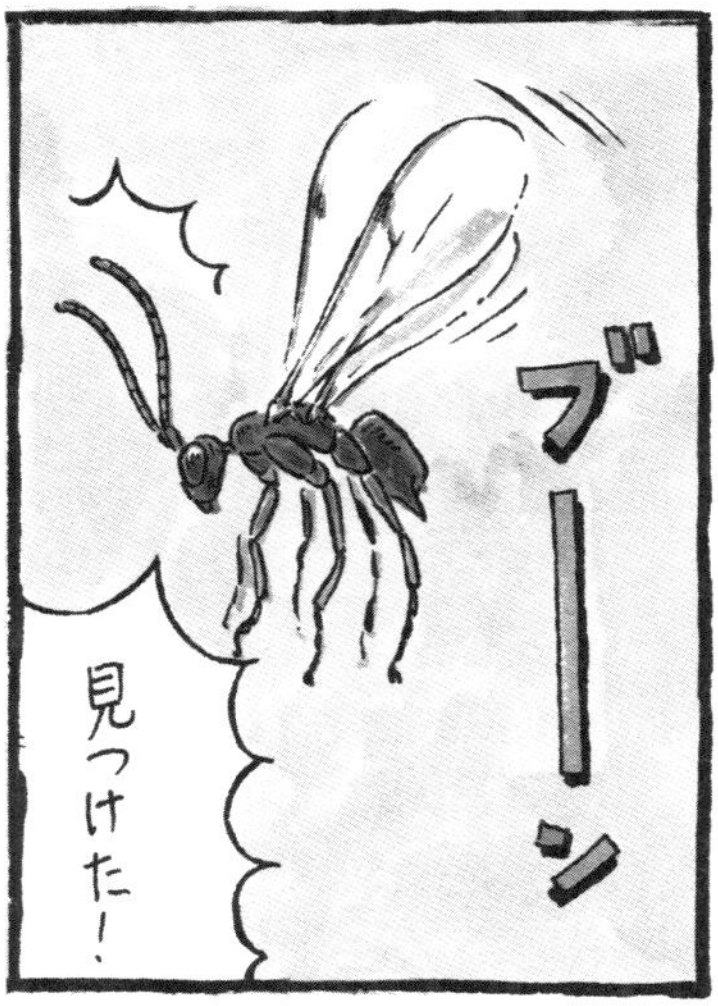

今回、登場するのは、ブードゥー・ワスプという俗称のあるコマユバチの一種です。コマユバチは、ハチ目コマユバチ科に属する体長数ミリの小さな寄生バチです。世界で5000種以上見つかっています。日本だけでも300種以上が存在しています。そして、コマユバチ科のすべてのハチがほかの昆虫に寄生する寄生バチです。しかし、ブードゥー・ワスプのように宿主をゾンビ化させて、さらに操ることができる寄生バチは特異な存在です。

ゾンビとして蘇らせる秘術：ブードゥー教

ブードゥー教は、西アフリカのベナン、カリブ海の島国ハイチやアメリカ南部のニューオーリンズなどで信じられている民間信仰です。ブードゥー教では死体をゾンビとして蘇らせる秘術があると言われています。

ゾンビの作り方ですが、まず、ブードゥー教の司祭が罪人に「不自然な死」を与えます。つまり、ゾンビにしたい人間を、まず「殺す」ところから始めます。

司祭はゾンビ化させる相手に、呪術用の粉（ゾンビパウダー）を与えます。そして仮死状態になったところで一旦埋葬し、後で掘り出して蘇生を待ちます。

後の研究で、ゾンビのような仮死状態になった人の体内から「テトロドトキシン」が発見されました。テトロドトキシンとはフグ科の魚の内臓に含まれる毒物です。神経を麻痺させるこの毒をゾンビパウダーとして一定量内使用すると、医者でも騙されるほどの仮死状態をつくり出すことができるといいます。

その後、ゾンビパウダーでの仮死状態から目を覚ましたら、幻覚作用のあるダツラの葉を与えます。神経毒による仮死状態から目覚めた人はマインドコントロールしやすい状態になっており、その後、下されたさまざまな命令に従うので、周りから見るとまるで意のままに操られているように見えるのです。

ここでは簡単に説明しましたが、詳しく知りたい方は、ハイチを訪れたハーバード大学の民族植物学者で文化人類学の専門家でもあるウェイド・デイヴィスが『ゾンビ伝説　ハイチのゾンビの謎に挑む』（第三書館）という著書の中でブードゥー教とゾンビ伝説の謎に迫っているので、是非読んでみてください。

ブードゥー・ワスプはイモムシの体内に卵を産む

話をブードゥー・ワスプに戻しましょう。ブードゥー・ワスプはシャクガという蛾の幼虫（イモムシ）の体内に直接卵を産み付けます。１匹のイモムシに産み付ける卵の数は約80個です。

イモムシの体内に卵を産み付けるという行動は多くの寄生バチで見られます。通常の寄生バチの場合、イモムシの体内で孵化した幼虫たちは生きているイモムシの新鮮な内臓を食べ続け、ハチの幼虫が蛹になるころには寄生していたイモムシは死んでしまいます。しかし、ブードゥー・ワスプの幼虫はイモムシを食べても、死なないようにぎりぎりのところで調節しています。なぜなら、肉を食べるだけでなく、他の用途にも利用するからです。

ブードゥー・ワスプの幼虫は蛹になるために、イモムシの体を突き破って体内から外側へぞろぞろと出てきます。体の中身をほとんど食べつくされ、その上、体を突き破られたにもかかわらず、イモムシはまだ生きています。

そして、ブードゥー・ワスプの幼虫たちは、イモムシの体から這い出るとすぐ、その近くで蛹になりますが、そのままではなんとも無防備な状態です。

ゾンビ化しながらもハチの蛹を守る

卵を大量に産み付けられ体中を食い荒らされ、ついには体の表面を破られているのですから、さすがにそろそろ死ぬだろうと誰しも思います。しかし、寄生されたイモムシはどういうわけか死にません。その姿は、まるでゾンビです。

しかし、このイモムシは映画に出てくるゾンビのようにただ闇雲に奇声を発してヨロヨロと動くのではありません。驚くべきことに、自分の体内を食い尽くしたブードゥー・ワスプの蛹を全力で守る行動をし始めるのです。蛹の期間というのは、自分では全く移動ができず一番無防備な時期です。そのため、様々な昆虫が蛹を食べようと狙ってきます。しかし、体中すかすかになったゾンビイモムシは、ブードゥー・ワスプの蛹を狙って昆虫たちが近づいてくると、激しく体を揺すってそれらの昆虫を追い落とします。

もちろん、このような行動はブードゥー・ワスプに寄生されたイモムシでしか起こりません。寄生されていないイモムシはいたって温厚で、他の昆虫が近づいてきてもぼーっとして追い払う素振りなど見せません。寄生され、ブードゥー・ワスプの蛹の近くにいるイモムシだけがこのように攻撃的な素振りを見せます。

イモムシは、ブードゥー・ワスプに自分の肉を提供し、さらに蛹から成虫になるまでの間、必死に彼らを守り続けます。そして、ブードゥー・ワスプが成虫になり一人立ちすると、すべての役目を終え、イモムシは息を引き取ります。

イモムシを操る方法についてのヒント

どうやってイモムシの行動を制御しているのか、その詳細はまだわかっていません。しかし、その手がかりとなる研究はあります。

ブードゥー・ワスプの蛹を守るゾンビ化したイモムシを解剖してみると、その体内に残ったブードゥー・ワスプの幼虫兄弟たちが何匹か見つかったのです。これらのイモムシの体内に留まった兄弟たちが何らかの方法でイモムシの行動を制御している可能性があると推測されています。

内でも外でも卵にだって寄生するハチたち

寄生生活を送るハチは数多くいます。種によって植物に寄生するハチや動物に寄生するハチがいます。また、動物の宿主の体の外側に寄生するハチは「外部寄生者」、体の内部に寄生するハチは「内部寄生者」、卵の中に寄生するハチは「卵寄生者」に分類されています。

この3つの中で「外部寄生」が最も簡単な寄生方法です。まず、ハチの母親は宿主になる昆虫の幼虫や蛹の体の外側に卵を産み付けます。すると、孵化した寄生バチの幼虫は宿主の体の外側から、食いつき、消化液を注入し、宿主の体内組織をちょっとずつどろどろにして外側から吸い取ります。蚊やダニが私たち人間の血や体液を吸うのに似ています。

「内部寄生」は母バチが同じく宿主になる昆虫の幼虫や蛹の体内に産卵します。そして、孵化した寄生バチの幼虫は宿主の体内で生活します。その場合、幼虫が成熟すると宿主の体表に出てくるものと、内部で蛹になるものがあります。

このやり方は実は最も難しい寄生の種類です。なぜなら、宿主側には寄生バチの卵のような異物が体内に入ってきたときに、それを排除する免疫システムがあるからです。昆虫の体液には人間でいう白血球に相当する血球が存在しています。それらの血球は侵入者を包囲し、皮膜を形成して殺すことができます。では、なぜ、内部寄生が可能な寄生バチがいるのでしょうか。それは、それらの寄生バチが進化の過程で宿主昆虫の血球を何とかして抑え込むことに成功したからです。そのため、内部寄生者は自分専用の一種類の宿主にしか寄生することができず、別の種類の昆虫に寄生することはほとんどありません。

これに対して、最後の「卵寄生」については、昆虫の卵は幼虫や蛹に比べて血球が未分化なので、比較的簡単に内部寄生することができるからだとわかっています。

フクロムシとメス化するカニ
①
ハイ！
どぉも〜！
俺たちカニ友で〜す♪
孵化したフクロムシのメス（キプリス幼生）
②
カニの体内に侵入
ホンマにね
ずっとカニ友で仲良くやっていかなって思っとります
③
細い枝状の器官をカニの全身に張り巡らせる（図1）
図1
恐っ！
どないやねん！
④
メスのように腹部が大きくなりフクロムシは卵巣を露出させる
ワタシこの子たちを一生守りつづけるワ♥
もう友達やめさせてもらうわ！
フクロムシの卵巣

親友の変化——あるカニの物語

いつからだろう。

僕の親友に違和感を感じ始めたのは。

僕たちは物心ついたころから共に海で泳ぎ、磯で遊んだ。脱皮のたびに大きくなる自分たちの体とハサミを比べっこしたり、ハサミが使えるようになってからは、お互いのハサミの強さを競って何度も取っ組み合いをしたものだ。

次の脱皮のときこそ、あいつよりも大きくなってやると思っていても、あいつはいつも僕よりさらに大きくなっていて、僕はいつもあいつに負かされていた。

毎回、悔しい思いをした。だけど、僕はライバルがいて楽しかったし、僕たちは兄弟みたいなものだった。

取っ組み合いの最中でもかわいいメスが通りかかると、つい僕たちは目を奪われて、

「今のメスかわいかったよな」

「いや、僕は1時間前に通ったメスの方が好みだ」

「お前、趣味悪いなあ」

「お前の方こそ！」

なんて言い合って、笑った。

その時は、こんな平和な日々がずっと続くと思っていた。

あれは、いつだっただろう。

確か、数週間前だったような気がする。

あいつは脱皮したのに、ハサミも体も大きくならなかった。

「ついにお前に負けちゃったな」

あいつの悔しそうな顔をはじめて僕は見た。なのに、僕はあんまり嬉しくなかった。むしろ、あいつに対して妙な違和感と不安を感じた。

僕の不安はその後どんどん膨らんでいった。

あいつは、脱皮のたびにオスの象徴であるハサミが大きくなるどころか、メスみたいに小さくなっていった。

それだけじゃなくて、腹だってメスみたいに大きく広がっていったんだ。

そして、僕たちはあんなに毎日ハサミで取っ組み合いをしていたのに、僕がいくらあいつにけしかけても、あいつは、

「また今度ね」

とか、

「今はそんな気分じゃないの」

とか、メスみたいな話し方をして、僕を相手にしなくなった。

僕はあいつがわからなくなった。親友が少しずつ別人になっていくような感覚だった。

そして、僕たちはほとんど会わなくなった。

そして、いましがた久しぶりに海の中であいつを見た。久しぶりに見たあいつはさらにメスみたいになっていた。それだけじゃない、驚いたことに、腹に卵を抱えていた。

いや、実際にはあれは卵なんかじゃない。卵みたいに腹についてはいるけど、僕たちの種族が持っている卵とは何かが違う。

なのに、あいつは自分の腹についている「何か」を愛おしそうに守っていたんだ。変わり果てたあいつは僕を見ても、まるで反応しなかった。

あいつはもう以前のあいつじゃない。

僕は自分にそう言い聞かせて、静かにその場を立ち去ることしかできなかった。

Case 06　フクロムシとメス化するカニ

フクロムシの枝状器官を全身に張り巡らされ奴隷にされたカニの皮肉な生涯

親友のカニをオスからメスのようにさせ、奇妙な卵を抱かせた寄生者は「フクロムシ」です。フクロムシ類は、海に棲み、カニ、エビ、シャコ、ヤドカリなどの節足動物に寄生します。私たちが目にすることができるフクロムシは磯によくいるイソガニ、イワガニ、ヒライソガニに寄生するウンモンフクロムシという種類です。

フクロムシは昆虫やカニと同じ節足動物門の生物です。節足動物というのは体節や肢が特徴的ですが、それらがフクロムシは退化しています。そのため、大人になっても節足動物とは思えな

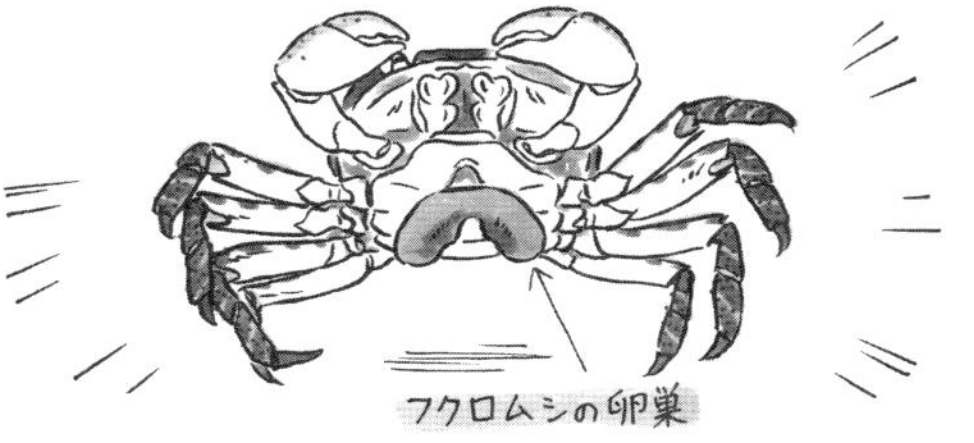

い外見をもっています。

ウンモンフクロムシは、イラストでもわかるように、カニの腹部にいてカニの卵のように見えます。でもこのカニの卵のように見える部分はフクロムシの体の一部です。この部分はフクロムシの生殖器部分で卵巣と卵がたっぷり詰まっています。

では、フクロムシの本体部分はどこにあるのでしょうか。フクロムシの本体部分は、カニの体内にいます。まるで植物の根のように、カニの体内にフクロムシの組織が張り巡らされています。そして、この根のような部分で、カニの体中から栄養を奪っています。こうして、フクロムシは宿主の体内から養分を奪いながら自分の卵を抱かせて生きています。

フクロムシとカニの出会い

では、今回の不幸なカニはいつからフクロムシに体と心を乗っ取られたのでしょうか。まず、フクロムシとカニの出会いから見ていきましょう。

フクロムシのメスは卵から孵化するとプランクトンのように海の中を漂います。そして、少し成長すると、カニの体内に侵入します。しかし、カニの体は硬い殻で覆われています。なのに、どのようにしてフクロムシはカニの体内に侵入するのでしょうか。まず、フクロムシはカニの体表にある毛の根元に付着します。するとフクロムシから針のような器官が伸びて、毛の根元の隙間からシュルシュルッと一瞬にして体内へと侵入していくのです。

カニの体内に侵入したフクロムシは、徐々に植物が大地に根を張るように細い枝状の器官をカニの全身に張り巡らしていきます。そして、その部分からカニの体内の栄養分を吸い取ります。そして、フクロムシは十分に成長して生殖能力をもつようになると、カニの表皮を突き破って、自分の生殖器をカニの腹の外側に露出させます。

カニの腹部の外側に飛び出したフクロムシは無防備です。腹部に飛び出した寄生者など、カニのハサミで取り除かれてしまいそうですが、そうはなりません。なぜなら、フクロムシは宿主であるカニの神経系を操り、まるでカニが自分の卵を抱いているかのように錯覚させているからです。

実際、フクロムシに寄生されたイソガニの神経系を調べると、胸部神経節がフクロムシの組織に侵されているのが見つかります。そのような場所では、本来あったはずのカニ自身の神経分泌細胞が一部消えていたり、完全に細胞が消失していたりするものもいます。

オスのカニであっても卵を抱かせる

フクロムシは、オスのカニでもメスのカニでも無差別に寄生します。オスのカニは卵を産まないので、卵を守る習性は本来ありません。しかし、フクロムシに寄生されたオスのカニは、不思議なことに徐々にメス化していくのです。フクロムシに寄生されたオスは、脱皮を繰り返すごとにメスのようにハサミが小さくなり、メスのように腹部が大きく広がっていきます。

そして、もともとオスであったカニは、まるで母親になったかのようにフクロムシの卵を自分の卵のように大事に育てようとします。そして、メスのカニが自分の子どもを孵化させ海中に拡散させるように、このオスのカニもフクロムシの卵の世話をし、フクロムシの卵が孵化するとそれらの個体を海中にまき散らすような行動をします。このようになったカニは自らの生殖機能を失ってしまいます。

つまり、フクロムシに寄生されたカニはみずからの子孫を残すことはできず、ただフクロムシに栄養を与え、卵を守り、孵化したフクロムシの子どもたちを拡散させるためだけに生きていく、まるで奴隷のような一生を送ることになります。

こんなにも栄養を奪われ、奴隷のような生活を強いられるフクロムシに寄生されたカニの寿命は短くなりそうな気がします。ところが、繁殖能力を奪われているため、繁殖に使うエネルギーが抑えられ逆に長生きします。そのせいで、さらに長期間にわたってフクロムシの子どもを育てていくという皮肉な結果になるのです。

存在感のないフクロムシのオス

フクロムシが発見された当初、フクロムシは雌雄同体と考えられていました。なぜそう考えられていたかというと、フクロムシを解剖すると、大きな卵巣の下に小さな精子の詰まった組織のようなものがあったからです。その後の研究によって、その精巣だと思われていた組織が実はフクロムシのオスであることが判明しました。

つまり、カニの腹の外側についている袋のような部分のほとんどはフクロムシのメスの卵巣です。そして、オスはその外側に出ている袋の片隅にいます。しかも、宿主であるカニが脱皮するときやフクロムシの孵化後には、この袋は一緒に無くなってしまいます。ということは、カニの脱皮のたびに、袋の中にいたオスは海中にぽいっと捨てられてしまうのです。もちろん、フクロムシのメスはカニの体内に侵入しているため、脱皮のたびに捨てられるなんてことは決してありません。

フクロムシのメスは自分が取りついているカニの脱皮が終わると、またカニの外側に袋状の生殖器を露出させます。しかし、新しく出てきた袋の中にはオスがいません。そのため、フクロムシのメスは新しいオスを袋の中へ呼び寄せなければなりません。

この時も、フクロムシに心も体も乗っ取られている宿主であるカニが、フクロムシのオスを呼び寄せるために必死に頑張ります。操られているカニは、しきりにお腹を動かし、腹の外側の袋（フクロムシのメスの卵巣）の中にフクロムシのオスを取り込もうとするのです。

このように、フクロムシに寄生されたカニは何度脱皮して殻を脱ごうとも、フクロムシから逃れることはできません。哀れ寄生されたカニはホルモンと脳を操られ、オスさえもメスのようになり、フクロムシの卵を一生守り続けることになります。

ところで、人間の好奇心とは計り知れないもので、このようなちょっと気味の悪い寄生者でも食べてみようという方がいます。ある方はメスのモクズガニについていたフクロムシを茹で、別の方はアナジャコに取りついていたフクロムシをフライパンで炒って味わっていました。どちらの感想も簡単に言うと、「まずくはないがうまくもない」という感じだそうです。

カニの甲羅についている黒いつぶつぶの寄生者

カニに取りつく寄生者はフクロムシの他にもいます。特に私たちがよく目にするカニの寄生者といえば「カニビル」だと思います。カニをまるまる購入するとその甲羅に直径5ミリほどの黒いつぶがついていることがあります。それが、カニビルという寄生者です。

カニビルはその名の通り、カニについているヒルのような寄生虫です。カニビルは体内に寄生しているのではなく、卵がカニの甲羅にくっついているだけの外部寄生です。カニビルは、ふだんは柔らかい泥の中で生活しています。そして、産卵は通常、固い岩などにおこないます。

岩の他にも、固い物であれば何にでも産卵する習性があるため、ズワイガニの甲羅など甲殻類、貝類の殻にも産卵します。また、カニビルがカニの甲羅に産卵した場合、カニの甲羅に乗って様々な場所に移動することができるため、生活範囲を広げる効果もあると言われています。カニビルはズワイガニの甲羅に卵を産み付けるだけで、ズワイガニの体内に寄生したりはしませんから、カニにとっては無害な生物です。

アカシアアリ
トゲの穴にアリの住居
葉や茎にある花外蜜腺から蜜を提供
チュー
チュー
・アカシアの蜜に含まれる「キチナーゼ」という酵素が 他の樹液を摂取するときに必要な「インベルターゼ」という酵素を阻害してしまう。
アカシアの蜜じゃないとダメなんだよ！
ヒック
アカシア
結局オマエらアカシアの奴隷やないかい！
イテテ…

ずっと一緒——あるアリの物語

僕はこのアカシアの木で生まれた。そして、ずっとこの木と共に成長してきた。

アカシアは僕たちアカシアアリにとって生まれ故郷であり、大地であり、家であり、常に豊富な蜜を提供してくれる母親みたいなものだ。

アカシアは僕たちが住むための安全で暖かい穴を各所に準備してくれる。

アカシアは葉や茎から甘くて栄養たっぷりの蜜をいつも豊富に与えてくれる。

だから、そんなアカシアを傷つけようとする輩がいたら、僕たちがやっつけてやるんだ。

僕たちはそうやってずっとずっと昔からアカシアと共に生きてきたアリだから「アカシアアリ」という名前が付けられた。

僕たちのアカシアは、すごいんだよ。

まるで有刺鉄線みたいに、あらゆる枝から3センチにもなる鋭いトゲを四方八方に出している。

これは僕の想像だけど、有刺鉄線を発明した人はアカシアをただ真似したんじゃないかと思っている。そのくらい、僕たちのアカシアは動物の侵入を阻むすごい構造があるんだ。

だから、動物たちはアカシアの葉を食べたくても、トゲが刺さるから食べることができない。

だけど、僕たちみたいな小さな昆虫は、体が小さいから大きなトゲなんて刺さりはしない。だから、平気で僕たちのアカシアに登ってきて美味しい葉や蜜を食い散らかそうとする。

そういう招かれざる客を追い出してアカシアを守るために、僕たちは常にパトロールをしている。

侵入者を見つけたら、直ちに攻撃して追い払ってあげるんだ。

もちろん、1匹じゃ太刀打ちできないような大きくて強い侵入者もいる。そういう時は、みんなで力を合わせて、毒液を吐きかけたり、おしりについている毒針で刺したりして撃退するんだ。

侵入者は虫たちだけじゃないよ。

植物だってある意味では侵入者だよね。

だって、アカシアに巻き付いてくる植物は自分ばかり日光を浴びて、アカシアから日光を奪って、アカシアを弱らせてしまうでしょ。

だから、アカシアに植物のツルが巻き付いたら、すぐにそれを切断して、日陰にならないようにもしてあげているんだ。

そんな生活に僕はずっと満足してきた。

だけど、あの日、どうしてもアカシア以外の蜜も味わってみたくなって、アカシアを降りて近くに生えていた他の木の樹液の所に行ったんだ。

とてもいい匂いがして、見た目もつやつやしてとても美味しそうな樹液だった。

そりゃあ、僕は夢中で舐めたよ。

味だって見た目通り美味しくて、最高だった。

だけど、それから少ししたら、猛烈におなかが痛くなってきたんだ。

そして、さっき舐めた樹液を上からも下からも全部出してしまった。

ちょっとした浮気心も、あれで吹き飛んだね。

だって、もう、あんな苦しい思いはしたくないもの。

だから、やっぱり僕はこのアカシアの蜜だけを食べて、この木を守りながらずっと暮らしていくことにしたんだ。

Case 07 アカシアアリ

依存させるアカシアの恐ろしい生態 ほかの蜜は食べられない体にされた アリたちのさだめ

アカシアの木がアリに提供するサービス

ある種のアカシアの木とアリの共生は、一緒にいることでお互いに利益を得る「相利共生」の例として知られてきました。

アリアカシア（以下、アカシア）は、マメ科の樹木です。大型の動物に食べられないように長さ3センチにもなる固く鋭いトゲをもっています。このトゲのおかげで、哺乳類などの動物はこの

木を食べることを避けます。しかし、虫などの小さな生き物にとっては、このトゲはなんてことはありません。そこで、アカシアの木はアカシアアリ（以下、アリ）と同盟を組み、アリをボディーガードにしてしまいます。

まず、アカシアはアリに住みよい居住空間を提供します。アリがちょうど住みやすい大きさの空洞を自分のトゲの根元の部分に準備しているのです。トゲに穴をあけてここにアリの女王がやってきて、住みつき、働きアリたちが産まれ、アリのコロニーが誕生します。さらに、アカシアは、アリたちに食も与えます。葉や茎にある花外蜜腺という器官から甘くてミネラルたっぷりの蜜をアリたちに与えるのです。

アリがアカシアの木に提供するサービス

住居と有り余る食を与えられた働きアリたちはアカシアの木を守る行動をします。アカシアに近寄ってくる虫を探すために常にパトロールをおこないます。そして、発見すると素早く攻撃して追い払います。自分の体格よりも大きな敵に対しては、働きアリたちが集団で襲いかかり、毒液を吐きかけたり、尻についている毒針を刺したりします。

さらに、アリは他の昆虫からアカシアの木を守るだけではなく、植物からも守ろうとします。アカシアに他の植物のツルが巻き付くとそれを切断し、周りの植物が成長してアカシアが日陰にならないよう駆除するといったことまでもしてあげます。

このようにアリは働き者で常にアカシアを守ろうと行動します。そのため、アカシアからアリを駆除してしまうと、アカシアは成長しなくなり、1年以内にそのほとんどが枯れてしまいます。

蜜依存にさせて自分から離れられなくするアカシア

こうして、アカシアの木はアリに住む場所と甘い蜜を与え、アリはアカシアを守り世話をします。このような関係は一見、互いに利益を享受しているように見えるため、最近になるまで、この関係は「相利共生」だと思われてきたのです。

しかし、2005年のメキシコの研究チームによって、この関係はお互いに得をする関係というよりは、アリを依存症にすることで自分から離れられないよう、アカシアがアリを操っていたことがわかりました。

アリがエサとする樹液などには、ショ糖などの甘い糖分が多く含まれています。この糖を分解して消化するためには「インベルターゼ」という酵素が必要となります。そのため、ほとんどのアリはこのインベルターゼを持っています。

しかし、アカシアの木に住むアリは、このインベルターゼが不活性化しており、通常のショ糖を消化できない状態になっていたのです。

つまり、アカシアに住むアリは通常のショ糖は消化できないにもかかわらず、アカシアの提供する甘い蜜は消化することができます。なぜなら、アカシアの提供する蜜には元々、酵素であるインベルターゼも含まれているため、アリは消化することができるのです。したがってアリは、アカシアの木が提供する蜜以外を摂取することができず、アカシアの蜜に依存した生活を送るようになります。

しかも、アカシアに住むアリの成虫はこの酵素を持っていない状態ですが、その幼虫時代にはちゃんと持っていたのです。そこには、アカシアの木の利己的な戦略が潜んでいました。

アリの幼虫時代にはアカシア以外の蜜を消化できる酵素であるインベルターゼは正常に働いています。ですが、成虫では不活性化しています。アリは、いつこんなにも大切な酵素を失ってしまったのでしょうか。

それは、アカシアの蜜を初めて口にしたときです。同じ研究チームが詳しく調べた結果、アカシアの蜜には「キチナーゼ」という酵素も含まれており、その酵素がアリの持つインベルターゼを阻害していたことがわかりました。

アリは蛹から羽化すると、まずアカシアの蜜を食します。その一口の蜜でアカシアから離れられなくなるのです。アカシアの蜜は、まるで毒のように、アリの体中を巡り、本来持っていたショ糖を消化する酵素を阻害します。

こうして、幼虫時代には持っていた、糖を分解する酵素であるインベルターゼが不活性化し、その活性は一生元に戻ることはありません。そして、結果としてアカシアの蜜以外は消化できない体になってしまいます。

これまで、酵素が別の酵素を阻害するケースは確認されていませんが、何か別の未知のメカニズムによってこうした反応がおこっていると予想され、そのメカニズムに迫る研究が続けられています。

このアカシアのように、植物体の上にアリを常時生活させるような構造を持つ植物は「アリ植物」と呼ばれ、世界に約５００種ほど見つかっています。これらのほとんどがアリも植物も得をする「相利共生」だと考えられています。しかし、今回のアカシアの例のように、深く研究していくと、それらの間にも特殊な依存関係が潜んでいるのかもしれません。

サムライアリ

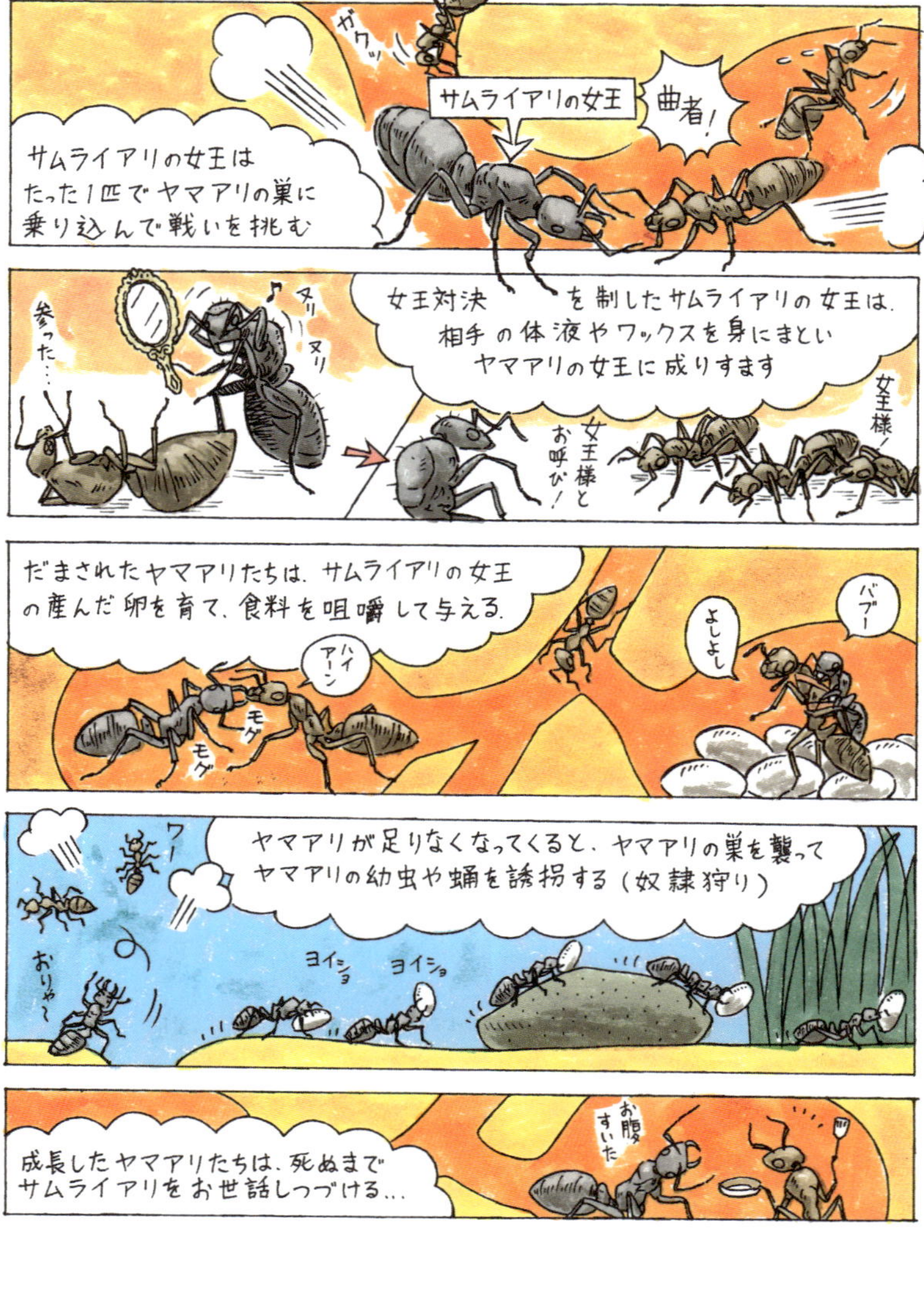

サムライアリの女王はたった1匹でヤマアリの巣に乗り込んで戦いを挑む
ガクッ
サムライアリの女王
曲者!
女王対決を制したサムライアリの女王は、相手の体液やワックスを身にまといヤマアリの女王に成りすます
参った…
ヌリヌリ
女王様!
女王様とお呼び!
だまされたヤマアリたちは、サムライアリの女王の産んだ卵を育て、食料を咀嚼して与える。
ハイアーン
モグモグ
バブー
よしよし
ヤマアリが足りなくなってくると、ヤマアリの巣を襲ってヤマアリの幼虫や蛹を誘拐する(奴隷狩り)
ワー
おりゃ〜
ヨイショ
ヨイショ
成長したヤマアリたちは、死ぬまでサムライアリをお世話しつづける…
お腹すいた

国盗り合戦——あるサムライアリの物語

私は、由緒正しき生まれの姫よ。

日本の方は、私たち種族のことを「サムライアリ」と呼んでいるわ。名前の由来は私の生い立ちを聞けばきっとわかってもらえると思う。

私は生まれてこのかた、自分で何ひとつしなくても良い身分だったわ。身の回りの世話も食事の準備も何もかも家来たちがやってくれた。

私は咀嚼だってしないわ。咀嚼みたいな顎の疲れることをするのは家来の仕事。私は家来がせっせと噛み砕いてくれたものを口移しでもらうだけ。

つまり、私は毎日なーんにもしなくて良かったの。

そんな私たち王族をうらやましがる方もいるかもしれないけど、王族だって命がけでやらなくてはいけないことはあるわ。「戦い」よ。私たちの名前でもある「サムライ」って名に恥じないような戦い方をしなくてはね。

いつ戦うのかって？　そうね、私の場合は今かしらね。もう私は成長して子どもを身ごもっているから「姫」から「女王」にならなくてはならないの。

女王になるにはまず自分の国を持たなくてはいけないでしょう。だから今から私の治める国を探しにいくわ。

あれなんか、良さそうじゃない。

あれは、「クロヤマアリ」の女王が治める国だわ。たくさんの働きアリたちもいて、最初に女王になるにはうってつけって感じがする。

自分で国を作らないのか、って？

ばかねぇ、そんな面倒くさいことするわけないじゃない。イチから国造りなんてしていたら、国ができる前におばあさんになってしまうわ。

私たち「サムライアリ」の姫はね、すでに立派に成り立っている国を乗っ取るの。その方が手っ取り早いでしょう。

そして、この戦いには家来を連れて行くことはできない。たった1人で戦うの。

1人で乗り込むのは確かに命がけよ。だけど、私にはこの大きな鎌のように鋭い強靭な顎があるわ。

さあ、心は決まったわ。

他国を乗っ取るにはやっぱりその国のトップである女王を殺すのが一番早いわ。女王は一番奥の安全な部屋にかくまわれているはず。

行きましょう。

やっぱり来たわね。この国のアリたちはなんて忠誠心が強いのかしら。

命がけで私が女王の部屋に近付くのを阻んでくる。だけど、残念ね、私の方が体も大きいし、この顎の力にはあなたたちは敵いっこないわ。

それにしても、蹴散らしても蹴散らしてもやってくるわね。きりがないわ。あなたたちの相手をして体力を使い果たすわけにはいかないのよ、女王を見つけなくては。

奥に来たらやっとアリたちが減ってきたわ。女王はきっとこの部屋ね。

見つけたわ。ふーん、あなたが、この国の女王。

やはり働きアリとは違って気品もあるし、大きいわね。だけど、無理よ、私に勝つのは。この大顎にはあなただって敵わないわ。

イタタ、抵抗したって無駄よ。

あなたに個人的な恨みがあるわけじゃないけど、残念ながらあなたには死んでもらうしかないの。

はあ、やっと女王の首をとったわ。なかなか強かったわね。さすがの私も疲れたわ。だけど、女王の部屋を出る前にやっておかなくちゃいけないことがまだ残っている。

前女王の体液と体の表面についているワックスを私の体に塗りたくっておかないと。この国のアリたちが、私を自分たちの女王だと思い込むようにね。

前女王の体液は私のにおいと違ってちょっと臭いけど、国を乗っ取るためだもの、辛抱しなきゃ。

これでいいわ。部屋を出ても大丈夫なはずよ。

ふふ、さっきまで私を殺そうと嚙みついてきていた働きアリたちが私を女王として扱ってくれるようになったわ。

あなたたちはもう私の家来ね。

なんて気分がいいのかしら。

これで安心してお腹ですくすく育っている子どもたちを産めるわ。

私の世話をするのも、私の子どもたちの世話をするのも、この国の家来たちがやってくれる。

これで、私はまた何もしなくていい生活に戻れるのね。

Case 08
サムライアリ

極悪非道な国盗り物語
他国の女王を殺し
家臣を奴隷化するそのやり口

アリの社会は少し人間の世界に似ています。多くのアリには、それぞれ仕事が割り当てられているからです。アリは成虫になると、「女王アリ」、「働きアリ」、「兵隊アリ」、「オスアリ」、と分化していくことが一般的です。

このような種では、卵を産むことができるのは女王アリのみです。女王アリはオスアリと交尾をすると、女王が単独で巣を作り、産卵します。そして、孵化した子は働きアリとなります。その後も、女王は子どもを産み続け、その世話は先に成長した働きアリたちがおこないます。そうして、アリの群れは大きくなっていきます。

女王アリは普段、メスしか産みません。女王から生まれたメスたちは働きアリと兵隊アリになります。働きアリはその名の通りよく働きます。働きアリの仕事は女王の世話、卵と幼虫の世話、外でのエサ探し、エサの運搬、食料の備蓄、巣の掃除など多岐にわたります。

お侍さんのようなアリ「サムライアリ」

「サムライアリ」というアリは、一般の社会性アリとは少し異なります。その名前からもわかるようにお侍さんのように戦うことのみに特化し、生活にかかわる雑用などは一切しません。

サムライアリは沖縄以外の日本全国で見られ、体長は5ミリ程度の黒褐色のいわゆる普通のアリの外見をしています。しかし、戦いの際に武器となる大顎の形状が違います。サムライアリは他のアリに比べて、大顎が鎌状に長く発達しているのです。

サムライアリは働きません。では、誰が食料を集めたり、幼虫や女王の世話をしたり、巣の掃除などをするのでしょう。それらの生活に関わるすべての雑用は、ほかの種のアリたちがおこないます。サムライアリは他のアリを騙し、家来のように働かせ、自分たちの世話をさせます。
このように、宿主の体内に寄生して直接栄養を得るのではなく、宿主がエサとして確保したものをエサとして得るなど、宿主の労働に寄生することは「労働寄生」と呼ばれます。

女王アリ単独で他の巣に乗り込む

女王アリと交尾するオスアリは羽を持っているので、交尾の時期が来るとお互いに巣を出て、相手を探して交尾をします。女王がオスと交尾をするのは、一生でこの時期だけです。女王の寿命は10〜20年もありますが、結婚飛行の時にオスからもらった精子を体内に蓄え産卵し続けることができます。

交尾を終えたサムライアリの新女王は子どもを産まなくてはなりません。一般のアリであれば、その子どもたちが働きアリとなり、女王と子どもの世話をすることはお話ししましたが、サムライアリの女王の子どもは働きアリにはならず、身の回りの世話や子どもの世話をすることはできません。

そこで、新女王は生まれてくる自分の子どもの世話をしてくれるアリを見つけなくてはなりません。サムライアリの世話をできるのは近縁のヤマアリ（クロヤマアリなど）というアリです。

サムライアリの新女王はヤマアリの巣を見つけると、たった1匹で巣に乗り込んでいきます。普通、アリが他の巣に乗り込む時は、働きアリや兵隊アリを引き連れて集団で戦いを挑みます。しかし、サムライアリの新女王は、たった1人で戦わなくてはなりません。侵入するヤマアリの巣には働きアリも兵隊アリもうじゃうじゃいます。それでも産卵を控えたサムライアリの若い女王は、単独でヤマアリの巣に侵入していきます。

当然、ヤマアリの働きアリたちは、サムライアリの女王が巣に侵入すると、それを阻もうと強く抵抗し襲いかかってきます。しかし、ヤマアリの顎はサムライアリに比べると小さく、力も弱いため、戦いにおいては不利です。一方、サムライアリの女王は大きな頭部に、鎌のような形の鋭い強靭な顎を持ち、自分に襲いかかってくるヤマアリたちを蹴散らしながら前進します。そして、最終的に巣の奥で守られている相手の女王の部屋に侵入するのです。

サムライアリの女王は相手の女王を見つけると、その強い顎で、相手の女王の体のいたるところを咬みます。相手の女王も必死で抵抗しますが、サムライアリの女王には歯が立ちません。そして、咬まれた傷からは体液が流れ出てゆき、息絶えます。

その後、サムライアリの女王は相手の女王の傷からしみ出した体液を舐めたり、自分の体に塗りつけたりし、また、相手の体の表面についているワックスも自分の体に塗りたくるのです。これは、前女王に成りすますためです。

昆虫の体表面には炭化水素の混合物であるワックス状の成分が付いています。アリなどの社会性昆虫の場合、同種であっても巣が異なるだけでワックスの成分組成が異なり、それによって自分の仲間かどうかを見分けることができます。

それを逆手にとって、相手を騙すために、死んだ前女王のワックスを自分に塗っているのです。

サムライアリの女王が死んだ女王の体液とワックスを身にまとうと、先ほどまで殺気立って襲ってきていたヤマアリたちは攻撃をやめます。そればかりでなく、サムライアリの女王へ近付き、これまで自分たちの女王にしたようにグルーミングを始めるのです。

こうして、サムライアリの女王はうまくヤマアリを騙し、その巣の女王アリとして君臨します。

自分の子どもを他の種のアリに育てさせる

サムライアリは戦いに特化した力強い顎をもちますが、自身で固形の食料を嚙むことができません。そのため、食事はヤマアリが咀嚼して吐き戻した液体を口移しで食べさせてもらいます。そうして、別種のアリから栄養をたくさんもらったサムライアリの女王は、乗っ取った巣で産卵をします。ヤマアリの働きアリは、サムライアリの女王を自分たちの女王だと勘違いしているため、何の血縁関係もないサムライアリの女王の産んだ卵を大切に育てます。

この巣では、すでにヤマアリの女王は殺されているので、この先、生まれてくるアリはすべてサムライアリです。そして、自分だけでは食事さえできないサムライアリたちが、どんどんと生まれてきて、ヤマアリたちはサムライアリの世話に明け暮れることになります。

しかし、ヤマアリの寿命は1年程度なため、徐々に自分たちの世話をしてくれる家来の数は減っていくことになります。

家来が足りなくなったら誘拐！

自分たちだけでは何もできないサムライアリは、家来が足りなくなってくると生活が立ち行かなくなっていきます。そうなると、新たな家来を連れてくるために他の巣を襲います。

夏の蒸し暑い晴れた日、サムライアリたちは数百から数千の隊列を組んで他のヤマアリの巣を襲います。襲われたヤマアリたちはもちろん反撃しますが、戦いに関してはサムライアリの方が一枚上手です。鋭い大顎で、敵をなぎ倒し、巣の中からヤマアリの蛹や幼虫を誘拐して、自分たちの巣に持ち帰ってくるのです。

誘拐してきたヤマアリの蛹や幼虫の世話をするのは、もちろん元の巣にいるヤマアリの家来たちです。誘拐されてきたヤマアリたちも成長すると、同じ巣にいるサムライアリを自分の家族だと思い込み、せっせとサムライアリの世話をするようになるのです。

このようにサムライアリは定期的に家来を補充することで、他の巣から誘拐し、子育てや、エサ集め、食事にいたる生活のすべてを家来に頼り切って生きていくのです。

奴隷狩りをする他の種

こうした他種の巣を乗っ取って新しい巣を立ち上げる習性はトゲアリ、アメイロケアリ、クロクサアリなどの種でも知られています。

また、アリ以外のスズメバチ科でもチャイロスズメバチによる労働寄生が見つかっています。自分とは別種のアリの女王を殺し、前女王になりすまし、奴隷のように家来をこき使い、家来が足りなくなったら、誘拐してくる、そんな極悪非道にも見えるサムライアリですが、私たち人間が責めることはできないように感じます。

たった200年ほど前まで、人間世界では極悪な奴隷狩りが合法で、同種である人間をまるで動物のように罠や網で捕獲し、縛り上げて、何カ月も身動きの取れない奴隷船に乗せ、生涯奴隷としてこき使っていたのですから……。

サムライアリ

産み逃げ上等！
カッコウの
托卵戦略
その1 托卵相手の標的選び
から高速産み付けまで
産卵したオオヨシキリが巣を離れると カッコウのオスが鳴いてメスに知らせる
カッコウ
カッコウ
メスが素早くオオヨシキリの巣へ向かう
オオヨシキリの卵を抜き取り産卵する
たった10秒で一連の行動をおこなう
オオヨシキリが巣に戻る
I'm home!

共同作業——あるカッコウの物語

ねぇ、あなた。私たち夫婦もそろそろ子どもをもつ時期じゃない？

夫婦の信頼関係ってやつもできてきたことだし、今なら協力して子どもをもつことができそうな気がするわ。

ええ、わかっているわ。

相手は慎重に選ばなくちゃ、せっかくの私たちの子どもが育たないものね。

まずは、私たち2羽で近所の森を回ってみましょうよ。

みて、あの鳥なんてどうかしら？

……そうね。あなたの言うとおりだわ。あの鳥はダメね、あの鳥は木の実ばっかり食べているもの。

私たちと同じように昆虫を食べている鳥を探さなきゃね。

あ！　さっきから昆虫を食べまくっている鳥がいるわ。

……でも、ダメね。あの鳥は私たちと同じくらい大きいもの。もっと小さい鳥を見つけないと、私たちの子どもが生き残れないわ。


え？　どれ？　あ、あれね！　さすが、我が夫、絶好の相手を見つけるわね。

あの鳥なら私たちよりだいぶ体も小さいし、せっせと昆虫も食べているわ。

それに巣も完成してるってことはそろそろ産むわね、卵を。

これからは、あの鳥に見つからないように気を付けながら、夫婦交代であの鳥の見張りをしましょうね。

（3日後）

はぁ。もう、3日も見張りをしてて疲れちゃったわ。なかなか産まないわね、あの鳥。

さっさと産んでくれないと、困るわ。私の方は準備万端なんだから。

やった！　産んだわ。1個、2個……遠くてよく見えないけど、4個くらい産んだみたいね。

あとは、あの母鳥が巣から離れるのを待つだけね。

もう、私、卵を産みたくてウズウズしちゃうわ。


あの母鳥ったら、そろそろエサでも食べに行きなさいよ。

ずっと卵のそばで、温めながら守ってるんだから。これじゃ、私が産みにいけないじゃない。

私だってお腹が空いてきちゃったわよ。

あなた、私、ちょっとエサを食べてくるから、見張りお願いね。

私がいない間でも、あの母鳥が巣を離れたら、すぐに呼んでよ。

　頼むわね。


やっと、エサにありつけるわ。見張りをしてるだけっていうのも結構骨が折れるものよね。

ずっと神経張りつめっぱなしだし。

――「カッコウ！　カッコウ！」

はっ!!　夫が呼んでるわ。あの母鳥が巣を離れたのね。

こうしちゃいられない。

すぐに行って、あの巣に私の卵を産み付けないと！


ふふ。これがあの母鳥の巣ね。

ふかふかで雛が住みやすそうないい巣を作ってくれてるじゃない。

やっぱり、4個、卵を産んでるわ。

まずは、先に産み付けられている卵を1個咥《くわ》えてから。

さ、産むわよ。

これでオッケー。

母親の私でも、もともとあった卵と私の産んだ卵の柄がそっくりで見分けがつかないわ。

最初に咥えてた卵は食べちゃいましょう。うん、美味しいわ。


さぁ、早く戻らないと、あの母鳥が帰ってきてしまうわ。

じゃあね、私の愛しい子ども。

あとは、お母さんにできることはないわ。

お前1羽でしっかりやるのよ。

あの母親からたくさんエサをもらって、立派な成鳥になってね。

さよなら。


さてと、次の子どもはどこの巣に産み付けようかしらね。

Case 09

産み逃げ上等! カッコウの托卵戦略 1

赤の他人に子育てをさせる巧みな育児寄生術 10秒で産み逃げの早業とは

繁殖を巡り、巧みな寄生を見せるのは「カッコウ」という鳥です。この鳥は、他の種の鳥の巣に自分の卵を産み逃げし、子育てという大仕事を完全に赤の他人（他鳥？）にやらせるのです。

前述したエメラルドゴキブリバチのほかにもある種のアリやスズメバチなど、自分では子育てをしない昆虫がいますが、それは昆虫だけではありません。子育てというのは、親にとっては膨大な時間と労力を必要とするものであり、これを他人の労働によっておこなうことは托卵《たくらん》または育児寄生（brood parasitism）と呼ばれ、寄生という形態の一種といわれています。

この托卵という寄生形態で、最も高度にその習性を発達させているのはカッコウです。カッコウという鳥はカッコウ目カッコウ科で体長は35センチほどです。ユーラシア大陸とアフリカで広く繁殖し、日本には夏鳥として5月ごろ飛来します。繁殖期にオスは「カッコウ！　カッコウ！」と特徴的な鳴き方をするため姿が見えずとも認識しやすく、日本人にとってはなじみ深い鳥の一種です。

そのカッコウが自分の卵を託すのは体長が20センチほどのオオヨシキリなどのカッコウよりかなり小さい鳥です。ここでは、赤の他人に自分の子どもを育てさせるカッコウの巧みな騙しのテクニックをご紹介したいと思います。

托卵する相手の条件

カッコウは誰彼構わず托卵をするわけではありません。相手をじっくり選んで托卵しているのです。カッコウが托卵する相手を決めるときには、いくつか条件があります。

まず、托卵相手が自分と同じ食性であることです。もし、托卵相手の食べ物が同じでなければ、自分の子どもが孵化しても、仮親からもらえるエサの種類が違ってしまいます。肉食のカッコウは、雛のときから昆虫などを食べなければ順調に生育しません。実際に、カッコウが托卵をするのは、カッコウと同じく昆虫を主とした動物食をする他の鳥です。

他の条件として、托卵相手の鳥は自分よりも体が小さくなければなりません。動物全般にいえることですが、体が大きければ大きいほど必要となるエネルギーも多くなり、その種の個体数は少なくなります。

逆に、体が小さい動物はそれだけ高密度で生息することができます。つまり、体の小さい鳥をターゲットにすれば、その鳥は高密度で存在しており、巣もたくさん見つけられて托卵のチャンスが増えます。

通常、成鳥の体の大きさに比例して卵の大きさも変わりますが、カッコウは産み付ける卵の大きさを調節しています。カッコウは、自分より小さい鳥に托卵するので、産み落とす卵の大きさを相手の鳥の卵の大きさに似せて小さくします。また、小さい卵にすれば、大きい卵を作るよりエネルギーを節約することができ、それだけ数多くの卵を産むことができます。

体が小さい相手を狙うのにはもう1つ理由があります。カッコウの雛は孵化した後、仮親の卵や雛を巣外に放り出して、仮親からもらうエサを独り占めしなければなりません。そうしなければ、本来大きな体をもつカッコウの雛は育つことができないからです。この行動を成功させるためには相手の鳥が小さいほうが有利です。

実際に、カッコウが托卵をするのは、自分と同じ昆虫を主とした動物食で、さらに自分よりもはるかに体が小さい鳥——オオヨシキリ、ホオジロ、モズ、オナガなどです。

夫婦協力プレイで標的を見張る

カッコウのメスが他の巣に産み逃げする際、オスも協力します。まず、托卵できそうな条件の鳥、たとえばオオヨシキリの巣を探します。そして、狙いを定めたオオヨシキリが産卵をおこなった時が、カッコウもその同じ巣に卵を産み落とせるチャンスですので、それをじっと待ちます。産卵をしたオオヨシキリは卵を抱いて温めているため、滅多に巣を離れようとはしません。しかし、時々、あまりに空腹になるとエサを食べるために少しだけ巣から離れる時があります。カッコウはその隙を今か今かと狙っているのです。

見張りの仕方も狡猾です。一度でもオオヨシキリに姿を見られてしまうと警戒されてしまうため、巣を見張るのは少し離れたところからです。しかも、オスとメスが交代で相手に気づかれないように見張ります。そして、ターゲットの親鳥が巣から離れた瞬間をオスが見張っていたら、「カッコウ！　カッコウ！」と鳴くことでメスに知らせ、その合図を聴いたカッコウのメスは素早く親鳥のいなくなった巣に降り立ちます。

10秒ちょっとで産み逃げ

ここから、カッコウのメスはとにかく急いですべての行動を終わらせなければなりません。托卵相手も母鳥ですから、温めている卵から離れているのはほんの少しの間です。托卵相手の巣に降り立ったカッコウのメスは、まず、相手の卵を1つくちばしに咥えます。そして、自分の卵を産み落とします。この理由は、カッコウの卵と仮親の卵の外見が非常に似ていることが多いため、間違って自分の卵を除いてしまう危険を避けるためだと考えられています。そして、産卵後、カッコウは咥えていた仮親の卵を食べて証拠を隠滅します。

この、合図、卵の抜き取り、産卵という一連の行動は無駄なく高速で、たった10秒程度の間におこなうことができます。こうして巣の持ち主が戻る前に、カッコウの卵が巣に入り込んでいるのです。

巣の持ち主の卵を抜き取る理由

カッコウが産卵の際に仮親の卵を抜き取るという行動は、卵の数を合わせて仮親に卵を紛れ込ませたことを気づかれないようにするためと考えられていましたが、実験的に巣内の卵を1、2個増やしても仮親は気づきませんでした。

では、なぜこのような行動をおこなうのでしょうか。

1つの仮説として、カッコウが卵を産み付けることに手間取って、巣の持ち主が帰ってきてしまったとき、仮親に自分は卵を食べにきたただの侵略者だと思わせて、托卵したことを悟らせないためではないかというものがあります。

またもう1つの仮説は、1つの巣の卵数は親鳥が育てることができる最大の雛数になっている傾向があるので、巣内の卵数を厳密に守っているのではないかということです。

さて、次項で他鳥の巣に残された1羽のカッコウの雛のその後をご紹介します。

たった1羽でどうやって生き延びるのでしょうか、そこにはカッコウの驚くべき生存戦略が隠されています。

産み逃げ上等!
カッコウの
托卵戦略
その2 孤立無援の誕生から成鳥まで
カッコウの卵が孵化する
Hello!
同じ巣にいるオオヨシキリの子どもたちを巣の外に落とす
ヨイショ ヨイショ
3日間、何度も失敗しながら繰り返す
ポイッ
餌を独占してすくすく成長
ピー
ピー
ピー
オオヨシキリはカッコウの雛が自分よりも大きくなっても餌を与え続ける

大きなわが子——ある鳥の物語

これが私の娘。

大きくて、とても立派でしょう。

違う、違う。まだ成鳥じゃないの。

だって、ほら巣の上でピーピー鳴きながら、私を待っているじゃない。

ええ、見てのとおり、あの子を育てるのはそりゃあ大変よ。だって、あの大きな体ですもの、とてもたくさん食べるの。

毎日、朝から晩まであの子のために、森の中を駆けずり回って、ムシの幼虫なんかを探してはあの子の口にせっせと運んでいるわ。あの子の食欲といったら日に日に増していくし、信じられないほどよ。

毎日くたくたになるまでエサを運んでも、あの子は、

「もっと、もっと！　お母さん、もっと食べたいよ！」

って、鳴くのよ。

私は子育てをするのは、３回目だけど、こんなに食べる子は他にいなかったわ。

そして、こんなに大きくなった子もいなかった。

だって、この子ったら、まだ雛で飛べないくせに、体が大きくなりすぎて私の作った巣からはみ出るようになっちゃったのよ。

これじゃあ、巣の意味ないわよね。

この子は最初から、特別だったわ。

私は今回の子育ての時も、何個か卵を産んだのだけど。いえ、正確に産んだ卵の数は覚えてないわ。

とにかく、何個か卵を産んだのだけど、この子、１羽しか育たなかった。以前の子育ての時は一度に３羽くらいは育ったのだけどね。

この子だけが１羽生き残っているのはね、ちゃんと理由があるわ。

この子が他の子たちを全部殺したの。

私は卵を産んでからは、食事の時以外はずっと巣にいて、産んだ卵たちを温めていたの。

そうしたら、ある日、この子は、他の子たちよりも少し早く卵から出てきたの。

そして、まだ目も見えない、羽も生えていない丸裸で、よろよろとしか動けないのに、一生懸命他の卵を自分の背中に乗せようとしたの。

「なにがしたいのよ、ヨチヨチの生まれたての雛ちゃん。他の卵と遊びたいのかな」

最初は、そんな気持ちでこの子を微笑ましく見ていたの。

そりゃあ、生まれたてでたいして動けないものだから、他の卵を背中に乗せようとしたって、失敗するに決まっているじゃない。もちろん最初は何度も失敗していたわ。

だけどね、この子はあきらめないの。寝ずに何度も他の卵を背中に乗せようとしていたの。

この子のやっていることは、遊びなんかじゃなくて、まるで何かに突き動かされている使命みたいだった。

そして、あるとき、この子は他の卵を背中に乗せて、そのまま巣の縁まで押していって、巣の外に落としたわ。

私の巣は安全な木の上に作ってあるから、落ちた卵は地面でベチャッと割れていた。

割れた卵の中には、もうすぐ生まれそうな雛がいたわ。

私は、ちょっとだけ悲しくなったの。だって、もうすぐ生まれそうな雛が死んでしまったのを見てしまったから。

これは事故じゃなかった。だって、この子は、1つの卵を巣の下に落としてから、少しも休まずに、次の卵を落とそうとしていたから。そして、次々に他の卵も巣の下へ落としていって、私の子はこの子だけになった。

なぜ、この子を止めなかったのかって?

そうねえ、それは私にもあまりわからないのだけど、たぶんその時は、この子のことを、

「なんて強くてたくましい子なんだろう。強い子が生き残るのは世の常かな」

なんて、思っていたのかもしれない。

この子のことは可愛くて仕方がないわ。

だけどね、この子が大きくなってきたら、最近、他の奥様からこう言われるのよ。

「あなたが可愛がっているから言いにくいけど、この子、私たちの種族じゃないわよ。だって、体の大きさも姿かたちも完全に違うじゃない」

Case 10

産み逃げ上等！ カッコウの托卵戦略 2

カッコウの雛のサバイバル術
別種の巣に産み落とされて
義兄弟を皆殺し！

カッコウの雛は他の卵と雛をすべて殺す

別の種の母鳥の巣に紛れ込んだカッコウの卵はその後どうなってしまうのでしょうか。たった1羽で母親も兄弟も仲間もいない状態で、それでも生き残らねばなりません。巣に紛れ込んだカッコウの卵は仮親によって毎日温められ、10～12日後に孵化します。カッコウの孵化は早く、同じタイミングで仮親が産卵していた場合、カッコウの卵の方が1～2日早く孵化します。いち早

く孵化したカッコウの雛は、まだ目も見えておらず、羽も何もない状態です。

しかし、この状態でも、カッコウにはやらなければいけないことがあります。他の本当の子どもたちすべてを抹殺するのです。カッコウは孵化するとすぐに同じ巣にある仮親の本当の子どもたちの卵を背中に乗せて、うまく巣の外に出していくのです。

仮親の子どもたちをすべて殺さなくてもいいのではないかと思いますが、カッコウにとって、仮親の子どもをすべて殺さなければ、自分が生き残る可能性がぐっと減ります。先にも述べましたがカッコウは仮親よりもかなり大きな鳥であるため、成長するためにはかなりの量のエサを必要とします。親からもらうエサを独り占めしなければ、生き残れないかもしれません。また、仮親の雛が成長していったら、あまりにもカッコウの雛と本物の雛たちの姿形が違うために、仮親に気づかれてしまうかもしれません。

このような危険を回避するためにも、カッコウはできるだけ先に孵化し、他の卵を抹殺するのです。しかし、カッコウの孵化が早いといっても、1〜2日の差です。時には仮親の雛たちが先に生まれていることもあります。

しかし、仮親の雛は、他の卵を巣の外へ落とす習性などはないため、カッコウは後からでも、無事に孵化することができます。また、カッコウの雛は、体が少し大きいため、後から孵化したとしても仮親の雛たちを次々と巣の外へ追い出すことができます。

タイムリミットは3日間

このようなカッコウの雛の他者の排除行動は孵化して3日間のみしかおこなわれません。この3日間で、仮親の卵や雛をすべて排除しなかった場合は、十分にエサが食べられずに飢え死にするか、仮親に気づかれて殺されてしまう危険性があります。

そして、不思議なのは、仮親はカッコウの雛のこのような行動を止めないことです。カッコウの雛が少し大きいといっても、生まれたばかりの雛は力も弱く、卵1つを背中に乗せて巣の外に出すのは一苦労です。3日の間に何度も何度も失敗しながらこの行動を繰り返します。他の卵を巣の外に押し出そうとするカッコウの雛を仮親は、傍観し続け、その間もカッコウの雛にエサを与え続けます。

カッコウの雛を可愛がる小さな仮親

無事に、巣に1羽だけ残ったカッコウの雛は仮親からのエサを独占することができます。カッコウの雛の口の中は赤色で、大きな口をあけるとこの赤が目立ちます。この赤色は親鳥の給餌本能をかきたて、時には周辺で繁殖している別の鳥さえも給餌することがあるといいます。

このようにして仮親とエサを独占したカッコウの雛は、すくすくと成長し、仮親の倍以上の大きさになり、巣からも完全にはみ出します。この頃には、見た目も大きさも全く別種であることが一目瞭然ですが、雛の頃から育てている仮親はまだ洗脳されたままで、わが子と信じ、雛を守りエサを与え続けます。そして、巣立ちの日が来ると、カッコウは仮親をおいて、さっさと飛び立っていきます。

托卵母親 vs. 仮母親

通常の鳥は繁殖期に4個程度の卵を産みます。しかし、カッコウのような托卵性の鳥はその倍以上の10～15個程度の卵を産むことがわかっています。そして、托卵の成功例を見ると、カッコウの雛だけが生き残り、仮親の卵はすべて殺されてしまいます。

このことが繰り返されていけば、すぐに鳥の世界は托卵する鳥ばかりが増えていきそうですが、実際にはそうなりません。なぜなら、托卵による繁殖が成功すれば、仮親となる鳥の数が減ります。そうなると次の世代で仮親が見つからなくなり、托卵できなくなります。そして、今度は托卵する鳥が減ります。そうなると、次は仮親の数が増えるという絶妙な自然界のバランスを繰り返しているのです。

また、その個体数のバランスだけでなく、仮親が攻撃したり、カッコウの卵を識別する能力を獲得したりすることで托卵母親の子どもを排除する場合もあります。

信州大学でおこなわれた研究では、カッコウと仮親にされる鳥の攻防戦があきらかになってきました。

日本では、数十年前までカッコウはホオジロという鳥に托卵をしていました。しかし、托卵をされまくったホオジロはかなり高い確率でカッコウの卵を見破れるようになったのです。そのため、カッコウの托卵は失敗するようになりました。

そこで、カッコウは托卵する鳥を変更し、オナガという鳥に托卵するようになりました。オナガはこれまで托卵された経験がなかったため、地域によっては托卵が始まって5年から10年で、オナガの巣の8割がカッコウに托卵されているという大被害を被っていました。そのせいで、オナガの個体数は5分の1から10分の1まで減少していました。このままいくと、オナガは絶滅へ向かってまっしぐらでしたが、そう簡単に生物は負けっぱなしにならないものです。オナガ側に対抗手段ができたのです。

実験では、カッコウの剥製をオナガの巣の前に置いて、オナガがどの程度攻撃するか観察しました。托卵が始まって10年以内の地域ではほとんど剥製に対して攻撃しませんが、托卵歴の長い地域ほど攻撃性が強いことがわかりました。また、托卵開始から約15年もたった地域のオナガは、卵を取り除いたり、托卵された巣を放棄するといった対抗手段を確立しつつあることもわかったのです。

つまり、最初は簡単にだまされていたオナガですが、現在では托卵に気がつき、卵も見破れるようになり、巣からカッコウの卵だけ落としたり、カッコウが巣に近付くと攻撃したりするようになってきたということです。

しかし、カッコウ側も負けてはいません。

2013年に発表された論文ではアフリカに生息するカッコウの一種（カッコウハタオリ）が、

いかに根気よく執拗に托卵しているかが明らかになりました。論文によれば、カッコウのメスは、同じ仮親の巣に数回にわたり通い、1個ではなく、できるだけ多くの卵を産んでいました。頻度は、2日に1個程度でした。このように、同じ巣に複数のカッコウの卵を産むことで、仮親は混乱し、カッコウの卵を区別する認識機能も甘くなってしまい、カッコウの卵を選んで排除することができなくなってしまいました。

そのため、この地域で仮親にさせられるマミハウチワドリの巣の20パーセントにはカッコウの卵が産み付けられる状況になってしまっているといいます。

自分で育てず托卵するという戦略

托卵という戦略は、仮親との攻防と絶妙なバランスの上に成り立つものです。世界には約9000種の鳥がいますが、そのうち約1パーセントが托卵する鳥類です。これらの鳥たちはなぜ托卵という戦略を取っているのでしょうか。

日本のカッコウ属については恒温性があまり発達しない変温性で、体温がその時の状態によって10℃程度変化するといわれます。それでは卵を抱いて雛を孵すのに適しません。そこで、托卵という別の戦略をとっているという説もありますが、反対に托卵をし続けてきたため卵を温める必要がなくなり、体温を一定に保てなくなったとも考えられます。

托卵という不思議な生態については、まだ謎が多く残されています。

【番外編】驚き！　鳥だけじゃなくナマズも托卵する

少し、カッコウの話から逸れますが、托卵という生存戦略は、鳥にしか見られないものだと考えられてきました。しかし、１９８６年に魚でも托卵をする種があることを長野大学の佐藤哲さんらの研究チームが発見しました。その魚はアフリカのタンガニーカ湖に棲むナマズでした。托卵する相手は、シクリッドです。

このシクリッドは、一風変わった子育てをすることで知られています。子どもを親が口の中で育てるのです。このシクリッドのように一定期間、親が子を自らの口の中で育てる生物はマウスブルーダー（mouthbrooder）と呼ばれ、魚類では淡水魚・海水魚問わず様々な種類の魚で見つかっている繁殖戦略です。

一般に魚類では、卵は小さく無防備で、仔稚魚の時期も他の動物に捕食されやすい傾向があります。そのため、親魚が自分の卵や仔稚魚を口の中で育てるのです。そのことにより、外敵に卵を食べられる可能性が減り、仔稚魚になってからも捕食される確率は大幅に下がります。

このように大事に自分の子どもを口の中で育てるシクリッドに托卵しようと狙っているのが托卵ナマズです。托卵の機会を狙うナマズ夫婦はシクリッドのメスの産卵中に乱入して、自分たちも産卵をし、ナマズの卵とシクリッドの卵を混ぜてしまいます。シクリッドは孵化前から卵を口の中に入れて、保護して孵化させるため、自分の卵とナマズの卵を両方口に含んでしまいます。

赤の他人の親魚の口の中で安全に守られ、托卵ナマズは一足先に孵化します。そして、自分の養分になる卵黄嚢がまだ残っているにもかかわらず、他のシクリッドの卵を食べ始めます。シクリッドの親魚はまさか自分の口の中で、自分の子どもたちの殺戮がおこなわれていることなど気付きもしません。そして、その後もナマズの子を大事に口の中で育てていくのです。

仮親であるシクリッドに守られてすくすくと成長したナマズは、立派なナマズヒゲを蓄え、仮親とは全く異なる姿形で仮親の口の中から悠々と出ていくのです。

Case 11

あるテントウムシの受難

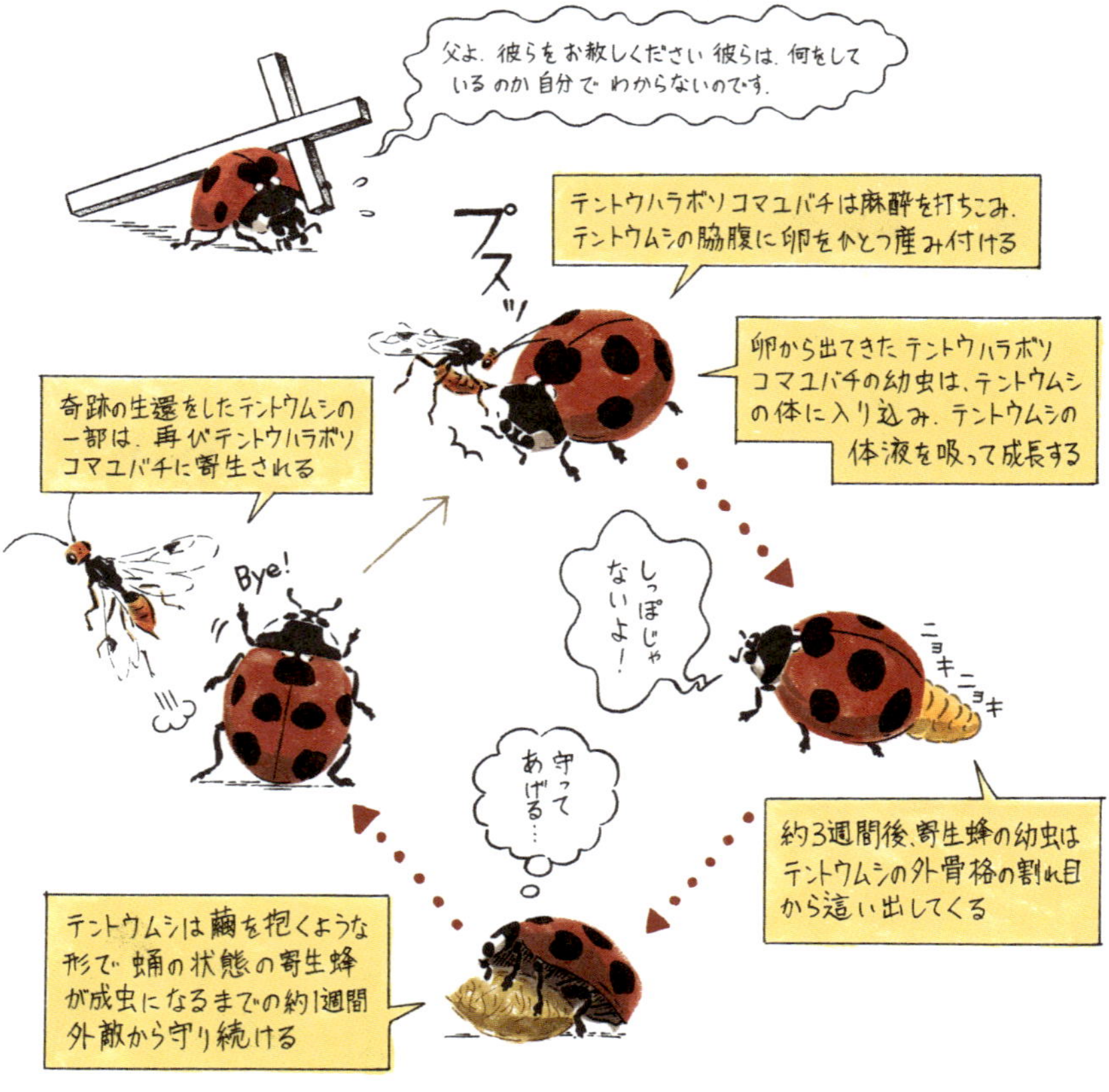

受難——あるテントウムシの物語

僕は昆虫界の愛されキャラクター、テントウムシだ。ゴキブリなんて同じ昆虫でも世界中で嫌われているのに、僕たちは多くの人に好かれている。

この真ん丸で赤い背中に斑点という姿が好感を呼ぶのかもね。

僕たちは英語では「Ladybug：レディーバグ」なんて呼ばれているんだ。

僕はオスだけど、それでも Lady（レディー）が付くよ。しかも、この Lady は聖母マリアっていう意味なんだ。僕たちは人間の農作物を荒らすアブラムシをたくさん食べるから、人間たちにとっては聖母みたいな存在なのかな。

人間たちは僕たちを見つけると、「かわいいー」なんていうけど、こう見えても僕たちはとっても防衛能力が高いんだ。

この赤や黒のきれいな斑点は、鳥たちにとっては警戒色だから気持ち悪がって僕たちを食べようとはしない。もちろん、僕たちを食べようとして、口に入れる動物もいるけど、その時は脚の関節から強い異臭と苦味がある有毒な黄色い液体を出してやるんだ。そうすると、僕たちを食べた動物はあまりのまずさにすぐに吐き出すし、次から僕たちを狙わなくなる。

だから、僕たちにはあまり敵はいないんだ。

だけど、僕たちにも恐れているものはいる。

それは、時々僕たちに寄ってくる小さなハチだ。

「近付いてくる小さなハチには気をつけろ」って耳にタコができるほど仲間から言われていた。

僕はこれまでそんなハチに出会ったことはなかったから、本当にそんなハチがいるのかな、なんて少し疑っていたけど、少し前、僕を狙って針を刺そうとするハチにはじめて遭遇した。そいつは、僕ににじりよってきて、針を刺そうとしてきた。僕はとにかく必死で抵抗した。気づくのがあと一瞬遅かったら、あの針に刺されていたと思う。

だけど、僕はそいつを防ぐことができた。

そいつは僕を狙うのを諦めたのか、あたりを見渡し始めた。そして、次の瞬間、隣の木でがむしゃらにアブラムシを食べている仲間の方に飛んで行った。

仲間はハチに気づくのが遅くて、針を刺されてしまった。

そのせいだと思うけど、仲間は動きが鈍くなっていた。

その間に、ハチはもう一度、仲間の脇腹のあたりに何かを刺したように見えた。

僕は心配になって仲間のところに駆け寄ったけど、その時にはもう仲間は普段通り動けるようになっていた。

そして、何事もなかったようにまたアブラムシを食べ始めたんだ。

ハチに刺された仲間は次の日もその次の日も必死でアブラムシを食べていた。その様子がなんだか鬼気迫っていて、僕はその仲間が心配で少し離れたところから毎日見守っていた。


そうして数日がたったある日。

仲間は急に動くのをやめた。そして、次の瞬間、仲間の腹から巨大なイモムシがゆっくりと這い出てきた。

僕は恐怖で身動きが取れなかった。

その巨大なイモムシは仲間の腹から完全に出ると、もう一度、仲間の腹の下に移動した。そして、糸を吐きながら繭を作った。その繭は仲間と同じくらいの大きさだった。

仲間は、その巨大な繭を抱く形で動きを止めたままだ。

僕はその異形がひどく恐ろしかった。

だけど、死んでしまえば、仲間はもう苦しまずに済むと思って少しだけ安心した。

「ちがう！」

仲間は死んではいなかった。

繭を抱きながら、時々動いている。

目を凝らしてよく見ると、繭を食べようと狙って近づいてくる虫たちを足で蹴飛ばして追い払っている。

「なんてことだ……」

もう仲間はきっと僕たちの元には戻ってこないだろう。

この時、僕はそう確信した。


それが覆されたのは、たった1週間後のことだった。

仲間は、何事もなかったかのようにまた僕の前に現れた。

もちろん、巨大な繭なんてもう抱いていない。

ただ、僕の前で以前と同じようにアブラムシを美味しそうに食べていた。

僕が見ていたのはきっと夢だ。

そう思わなければ、僕の頭がおかしくなってしまいそうだ。だから、僕は今まで見てきたことを全部夢だと思うことにしたんだ。

Case 11 あるテントウムシの受難

脳細胞を破壊され体中は食い荒らされても寄生バチを守り続けるテントウムシの悲劇

テントウムシは、コウチュウ目テントウムシ科に分類される昆虫の総称です。テントウムシは英語圏では「Ladybug：レディーバグ＝聖母のムシ」と呼ばれ、農作物を守ってくれる益虫ととらえられています。

日本では、テントウムシは「天道虫」という字を書きます。天道とは太陽のことです。テントウムシは太陽に向かって飛び立つという習性をもちます。そのために天道（太陽）に向かって飛ぶ虫ということでテントウムシと名づけられています。

ゴキブリが近くにいたら「ギャー！」と叫んでしまう人が多いのに対し、テントウムシが近くにいてもほとんどの人は叫んだりしません。テントウムシを題材にしたアクセサリーや筆記用具なども見かけますし、一昔前は、結婚式の定番曲として「てんとう虫のサンバ」がありました。これが「ゴキブリのサンバ」という曲名だとしたらお祝いの席では受け入れられないことは確実です。それほどテントウムシは昆虫の中では、嫌悪感を抱かれにくいキャラクターなのでしょう。

テントウムシは赤や黄色の色鮮やかな体色をもち、小さくて真ん丸な体です。そして、ゴキブリのようにすばやく動くことはほとんどなく、家の中に急に出現することもありません。このような見た目とおっとりとした特性に加えて、一部のテントウムシは農作物を荒らすアブラムシを大量に捕食してくれます。

しかし、テントウムシと一口にいっても、その種類も様々でエサとなるものも大きく違います。そのエサとなるものは大きく分けて3つあり、アブラムシやカイガラムシなどを食べる肉食性の種類、うどんこ病菌などを食べる菌食性の種類、ナス科植物などを食べる草食性の種類がいます。肉食性の種が害虫のアブラムシなどを捕食するため世界中で重宝されてきたテントウムシです。そして、これらの種のテントウムシは、農薬代わりに使用される生物農薬の1つとして活用されています。

小さく丸くかわいらしい姿をしたテントウムシですが、自分を捕食しようとする多くの敵から身を守る手段をもっています。

私たちが水玉のようでかわいいと思っている赤や黒の斑点は、実は捕食動物に向けた警戒色です。そのため、鳥などはテントウムシをあまり捕食しません。また、幼虫・成虫とも敵に出会って突かれたりすると死んだふりをして難を逃れます。それでも、動物の口などに入れられてしまった時には、脚の関節から強い異臭と苦味がある有毒な黄色い液体を分泌し、口にした動物はすぐに吐き出してしまいます。

寄生バチに狙われるテントウムシ

テントウムシは様々な防衛手段を持っていますが、寄生バチにはまんまとやられてしまうことがあります。テントウムシに寄生するのは、テントウハラボソコマユバチという寄生バチです。名前に「テントウ」と入っているのを見て、ピンとくるかもしれませんが、この寄生バチはテントウムシにしか寄生しません。体長わずか3ミリほどです。

テントウハラボソコマユバチのメスは産卵できるようになると、まずテントウムシを探します。そして、テントウムシを見つけると、最初に麻酔を打ちこみ、その後、テントウムシの脇腹に卵を1つ産み付けていきます。

卵から出てきたテントウハラボソコマユバチの幼虫はテントウムシの体に入り込みます。そして、テントウムシの体液を吸って大きく成長していきます。その間、寄生されたテントウムシの体は少しずつ蝕まれていきますが、外見や行動に変化はなく普段と同じように生活します。

テントウムシの体内で体を食べに食べまくって約3週間後、テントウムシの半分以上の大きさになったハチの幼虫はテントウムシの外骨格の割れ目からゆっくりと這い出してきます。こんなにも大きなハチの幼虫に体内を食い荒らされていたテントウムシは、それでもなお30〜40パーセントは生きています。その理由は、寄生バチの幼虫が、生死に直接影響しない脂肪などの組織を重点的に食べているからだと考えられています。

体中を食い荒らされてもなお寄生バチを守る

テントウムシの体から出てきたテントウハラボソコマユバチの幼虫はテントウムシの腹の下に

もぐるような形で繭を作り、その中で蛹になります。そうして、テントウムシは繭を抱くような形になります。

そして、3割以上のテントウムシはこの時まだ生きています。命があるうちに、さっさと逃げたら良いのにと思いますが、寄生バチの幼虫が体内からいなくなった後も、逃げようとはせず繭を抱いています。

ただじっと抱いて守っているだけではありません。自分の体の中身を食い荒らした寄生バチが蛹となって動けない間、蛹のボディーガードをします。蛹になった寄生バチは動けず外敵に狙われやすい状態です。クサカゲロウの幼虫などは、このハチの蛹が大好物です。しかし、瀕死のテントウムシは、蛹を狙った捕食動物が近付いてくると、脚をばたばた動かして追い払い、蛹を守ります。こうして、ハチが成虫になって飛び立っていくまでの約1週間、テントウムシは蛹を守り続けるのです。

寄生されたテントウムシの末路

体内を巨大なハチの幼虫に食い荒らされ、そのうえ1週間も飲まず食わずで蛹のボディーガードをしていたテントウムシは、そろそろ死んでしまうのではないかと想像できます。しかし、信じられないことに寄生されたテントウムシの4分の1が最終的に元の生活に戻ります。そして、その奇跡の生還をしたテントウムシの一部は、再びテントウハラボソコマユバチに寄生される可能性もあるという皮肉な結果になるのです。

どうやってテントウムシを操るのか

寄生されたテントウムシは寄生バチの幼虫が体から出てからもなお自分の意思とは関係なく寄生バチを守ろうとします。体内に寄生している状態であればマインドコントロールされてしまうのもわかりますが、体内に寄生バチがいなくなってからもマインドコントロールは続きます。なぜこのようなことが起こるのか、最近まで不明なままでした。しかし、2015年の論文で、その謎の一部がわかってきました。なんと、寄生バチは麻酔物質と一緒に脳に感染するウイルスをテントウムシに送り込んでいたのです。

研究チームはハチに寄生されたテントウムシの脳はある未知のウイルスに侵され、脳内がそのウイルスでいっぱいになっていたことを発見しました。そして、寄生されていないテントウムシからはもちろんそのようなウイルスは見つかりません。研究チームはこの新規のウイルスをＤＣＰＶ（Dinocampus coccinellae paralysis virus）と命名しました。

テントウハラボソコマユバチはテントウムシに麻酔をして卵を産み付ける際に、同時にこのウイルスをテントウムシの体内に送り込んでいました。そして、ウイルスはテントウムシの体内で複製を繰り返して、その数を増やしていますが、この時点ではまだ脳まで広がっておらず無害な状態でいます。そして、寄生バチの幼虫がテントウムシの体内から出てくるとすぐに、ウイルスがテントウムシの脳内に入り込んで充満し、テントウムシの脳細胞は破壊されていきます。

しかし、この脳細胞の破壊は、テントウムシ自身の免疫システムによるものだと考えられています。寄生したハチの幼虫がテントウムシの体内で生きている間は、テントウムシ側の免疫遺伝子が抑制されているのですが、ハチの幼虫がテントウムシの体内から這い出てくると、このテントウムシの免疫遺伝子は抑制を解かれ再活性化します。再活性化したテントウムシの免疫システムがウイルスに感染した自分の細胞を攻撃しているのです。

そして、自己の免疫システムによって傷つけられた脳は、新規の寄生バチにまた寄生された場合、再び麻痺することがわかっています。

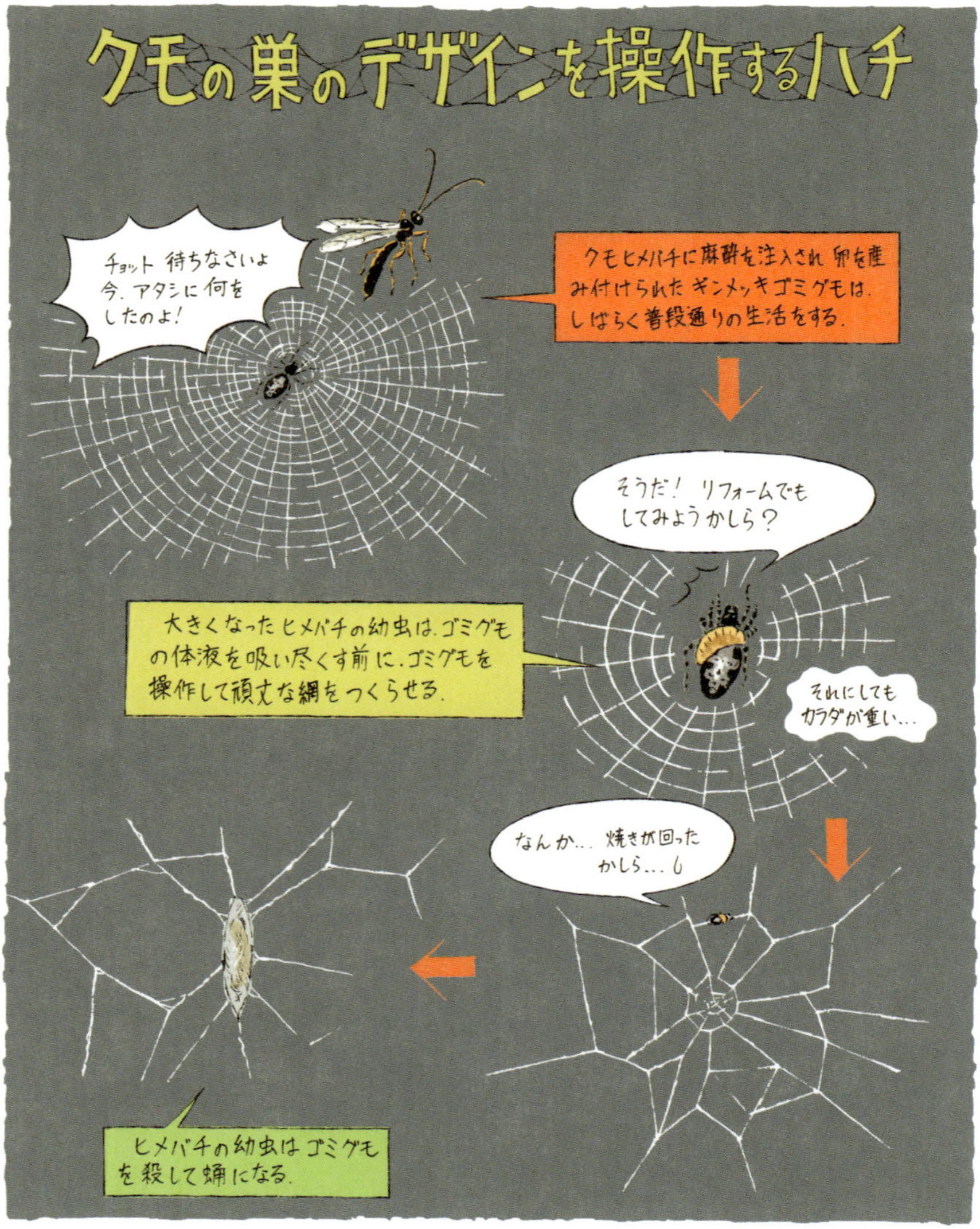
クモの巣のデザインを操作するハチ
チョット 待ちなさいよ
今、アタシに何を
したのよ！
クモヒメバチに麻酔を注入され 卵を産み付けられた ギンメッキゴミグモは、しばらく普段通りの生活をする。
そうだ！ リフォームでも
してみようかしら？
大きくなったヒメバチの幼虫は、ゴミグモの体液を吸い尽くす前に、ゴミグモを操作して頑丈な網をつくらせる。
それにしても
カラダが重い…
なんか… 焼きが回った
かしら…
ヒメバチの幼虫はゴミグモを殺して蛹になる。

円形の網――あるクモの物語

　これは一体なんなのかしら。この私のお腹にぴったりとくっついて離れないもの。しかも、日に日に大きくなっているような気がする。そうよ、最初はこんな大きさじゃなかった。小さなできものか何かかと思うくらいの大きさだった。だから、今までほっといたのよ。

　これを見つけた日――いつだったかしら。数週間前くらいだったと思う。あの日、私はいつものように自慢の美しい網を張り巡らせて、獲物を待ち構えていたわ。

　そうしたら、小さなハチみたいな奴が私の網に向かって飛んできたのよ。

　あらあら、エサが自分から飛んできてくれたわ。私の巣にかかるのは大歓迎だけど、暴れてあんまり巣を壊さないでね、なんて、悠長にそのハチを眺めていたのよ。そのハチは網にかからず、私の目の前に来たわ。次の瞬間、体にチクッと衝撃が走って私はそのまま気絶してしまった。

　ふと目が覚めると、もうそのハチの姿はどこにも見えなかった。だけど、私のお腹に小さなできものみたいなものができていた。

　私は自分のお腹をよく見ることができないから、気のせいだったかもしれないけど、あるとき、できものから何かが出てきたように見えた。でも、その何かはずっとお腹の上で動かないし、私の見間違いね、と思った。

　このできものができてから、私はものすごくお腹が空くの。だから、せっせと網にかかる虫たちを片っ端からエサにしていた。なのに、食べても食べてもお腹は空く一方。

　そして、このお腹のできもののような何かは見る見る大きくなってきたわ。もう、できものっていうより、私のお腹からはみ出すくらいの大きさになってしまった。

　これは、何なの？

　しかも、ここ数日、私は得意だった円形の網を作れなくなっている。私の美しかった繊細な円形の巣。今はもう見る影もないわ。ただ頑丈で無骨な変な形の網しか作れない。

　しかも、さっきからお腹の何かがモゾモゾと動いて私の力を奪っていくみたい。もう、網を作る力も、逃げる力もないわ。私の作った最後の巣がこんな形になってしまうなんてね。クモとしては、ちょっと恥ずかしい最後ね……。

Case 12
クモの巣のデザインを操作するハチ

ゴミグモを思うがまま操って巣を張らせて最後は体液を吸い尽くすクモヒメバチの残虐

円形の美しいクモの巣を作るゴミグモに寄生して、自分の都合の良いように操っているのはクモヒメバチという寄生バチです。しかも、その操作の対象になるのはクモの十八番ともいうべき「クモの巣」です。寄生バチがなぜクモの巣のデザインを変えるのかを見ていく前に、クモとその糸のすごさについて少し触れたいと思います。

クモは昆虫じゃない

ご存知の方も多いかもしれませんが、クモは昆虫ではありません。日本語ではクモのことも「ムシ」とひとくくりに呼ぶため、クモも昆虫であると思っている方も多いですが、生物学的には、「節足動物門鋏角亜門クモ綱クモ目」です。つまり、クモはクモだけで構成されている生物群なのです。

昆虫とは6本足で体が頭と胸と腹の3分割で構成されています。一方、クモには足が8本あります。そして、頭と腹しかありません。胸はないのです。しかも、その頭と腹の境が曖昧です。

クモの糸は鋼鉄より強い

クモは優秀なハンターであることが知られていますが、一番ポピュラーな捕獲方法は「巣を張って獲物を待ち伏せする」方法です。

その巣を作るために用いるのが、クモの糸です。そして、このクモの糸がすごい繊維なのです。

クモの糸は、同じ太さで比べると鋼鉄より強く、しかも、鉄の5分の1くらいの重さしかありません。直径4センチのクモの糸があればジャンボジェット機を持ち上げられると言われています。このように、あまりにクモの糸が強いため、クモの巣にスズメがかかって外れないことさえあります。

また、クモの糸には様々な種類があり、水にぬれると長さが短くなる糸や、引っ張ると倍に伸びる糸などがあり、クモは必要に応じて使い分けています。このように、強いのに柔らかい、この相反する特性を兼ね備えているのがクモの糸なのです。

ゴミを巣に吊るしているからゴミグモ

今回、寄生バチに寄生され、いいように操作されるのはゴミグモの一種「ギンメッキゴミグモ」という体長3ミリほどの小さなクモです。その腹部はアルミ箔を貼ったかのように銀白色に輝いています。

ゴミグモは自分の巣にゴミを吊るすことからその名が付けられました。ゴミグモは円形の巣の中央に食べかす、脱皮殻などのゴミを縦に並べます。そして、ゴミで自分の姿を隠すようにして、普段は巣の中心で脚を折り畳みじっとしています。

そんな風にひっそりとゴミに身を隠しているゴミグモを見つけ出し、寄生するのはクモヒメバチです。その名の通り、クモだけに寄生するハチです。

クモヒメバチはゴミグモの体の表面に卵を産み付けようと狙います。しかし、ゴミグモが暴れては、せっかくの卵が正確な場所に産み付けられません。そこで、クモヒメバチはゴミグモの一瞬の隙をついて、麻酔を注入します。そして、動けなくなったゴミグモにゆっくりと卵を1つだけ産み付けるのです。

寄生されても普段通りに生活する

しばらくして、麻酔から覚めたゴミグモは、何事もなかったかのように今まで通り生活し始めます。毎日、巣の補修をして美しい完璧な形を保ち、巣にかかった虫などを捕食します。しかし、体表にはクモヒメバチの卵が付いています。

数日するとハチの卵は孵化し、中からハチの幼虫が出てきます。そして、ハチの幼虫はクモの体表にしっかりとくっつき、外側からクモの体液を吸って育っていきます。毎日体液を吸われながらも、クモはこれまで通り生活しています。

生きたままクモを利用する利点はいくつかあると考えられています。クモを殺さず、少しずつ体液を吸うことで、クモが生きている間、クモは外敵から自分の身を守りますから、クモにくっついているハチの幼虫も結果的に外敵から守られることになります。また、普段通りクモにエサを捕らせることにより、クモはハチの幼虫のエサである体液を維持することができるのです。

しかし、このハチの幼虫はクモを最後まで生かすわけではありません。蛹になる前に、宿主であるクモの体液をすべて吸い尽くし、殺します。

しかし、その前に宿主を操作して、クモの巣を作り替えさせるのです。ハチの幼虫は、殺す直前にクモの体内に何らかの物質を送り込みます。すると、クモはこれまでの捕虫のためのらせん状の繊細な巣から、細い糸を減らし、少ない本数の糸で中心を支える巣に作り替えていきます。しかも、その本数の減ったクモの糸には綿のような装飾がつけられているのです。

巣の形を操る理由

成長したハチの幼虫は、なぜ、このような形へクモに巣を作り替えさせるのでしょう。もちろん、ハチが生き延びるためです。

成長したハチの幼虫は成虫になるために、まず蛹にならなければなりません。蛹の状態というのは動けず無防備で最も危険な状態です。ハチは、そんな無防備な状態でクモの糸の網の上で10日以上過ごさなければなりません。

また、捕虫に特化した巣は非常に繊細で、風雨や飛翔生物によって簡単に巣の一部が壊れます。宿主であるクモが生きていれば壊れた巣を補修してくれますが、ハチは自分が動けなくなる蛹になる前には宿主を殺さなければなりません。巣の持ち主であるクモが死んでしまうと、誰も巣の補修をしなくなり、すぐに朽ちていきます。

これらの問題を解決するため、ハチの幼虫はクモを殺す前に頑丈な網の巣に作り替えさせるのです。

実際、神戸大学の研究チームが操作された巣に使われている糸の強度を計測したところ、操作された網は、クモが脱皮に備えて張る「休息網」に比べて外周部で3倍以上、中央部で30倍以上の強度をもっていました。

クモの糸に付ける綿のような装飾のわけ

宿主のクモは操られると、頑丈な網を作り、さらに綿状の糸を直線糸に吹きつけて綿のような装飾をつけます。この装飾にも重要な役割があります。この装飾によって紫外線をはね返していたのです。

紫外線は人には見えませんが、鳥や昆虫にはよく見えています。つまり、この装飾は、飛んでいる鳥や昆虫が誤って巣にぶつかることがないよう、信号のような役割を果たしていたのです。

宿主クモの哀れな最期

宿主であるクモは、ハチが蛹でいる間中、持ちこたえられる壊されにくい頑丈な網を作り終えると、用済みになります。その頃には、ハチの幼虫は宿主クモと同じくらいの大きさに成長しています。

次に、ハチの幼虫は、クモを殺し、クモの体表から離れて蛹になります。しかし、そのためにはクモの網に自力でぶら下がる必要があります。ですが、ハチの幼虫には脚がありません。

ここでも、ハチの幼虫は驚くべき技を見せてくれます。ハチの幼虫はクモを殺す頃になると、背中にマジックテープ式の微細刺毛のついた突起が現れます。そして、それまでぴったりと取りついていたクモの体液を残らず吸い尽くして殺します。死骸となったクモは捨てられ、ハチの幼虫は突起によってクモの網に自力でぶら下がり、蛹になるのです。

猫を怖がらないネズミを作る寄生虫

消えた仲間――あるネズミの物語

僕たちネズミは、君たち人間にはあまり人気はないみたいだね。

まぁ、嫌われる理由もわからなくはないよ。

寒い時は君たちの屋根裏にお邪魔したり、そこでメスが子ネズミをたくさん産んだりするからね。

生きていくためには食べ物だって必要だから、君たちの台所からちょっと拝借する時もある。

僕たちは1日に体重の3分の1の量の食料を食べないと生きていけないから、けっこう大食いなんだけど、君たちがもっている大量の食料からすれば大したことはないんじゃない？

僕たちから見たら君たち人間は巨人だよ。だって、僕たちの300倍以上の重さじゃないか。自分たちの300倍の大きさの生物って想像つくかい？

そうか、今の地球の陸上では人間の300倍の生物なんていないね。

陸上ではゾウが最大でも10トンだから、君たち人間の150倍くらいか。

つまり僕がいいたいのは、僕たちから見た人間っていうのはとんでもなく巨大で恐ろしい生物だってことで、それはわかってほしい。

そんな巨大な君たちの家のほんのちょっとの隙間に住まわせてもらっているだけなんだから、君たちももう少し寛容になってほしいと思う時もあるよ。

君たちは僕たちの走る足音や臭いなんかが我慢できないと言って、毒エサを撒いたり、罠を仕掛けたりするよね。だけど、そうやって僕たちを追い出そうとしてもあまり効果はないよ。

だって僕たちネズミはね、人間がもっていないような能力をたくさん持っていて、危険を回避しているからね。

まず、僕たちは耳がとてもいい。

この耳のおかげで危険を予測して逃げたり、エサを捕獲したりできる。

それに君たちが聞こえないような超音波が聞き取れるから、普段の会話は超音波でしているよ。だから、足音は聞こえるのに、鳴き声はほとんど聞いたことがないだろう？

すごいのは耳だけじゃない、味覚も嗅覚も君たちよりずっと優れている。

だから、毒エサなんて、僕たちにすぐ見破られてしまうってわけだよ。

それでも、あの手この手で、僕たちを殺したり追い出そうとする君たち人間も嫌な奴らだけど、猫って奴も嫌いだね。

ある意味では人間たちより手ごわい。

奴らは運動能力抜群の生来のハンターで、耳だっていい。だから、見つかったら最後、運よく狭い隙間などに逃げ込まない限り、覚悟しないといけない。

猫って奴は、体臭が本当に少ないけど、その尿には強い臭いがある。

だから、僕たちの優れた嗅覚を使って猫の尿の臭いがある場所には絶対近付かないようにいつも警戒している。それが結果的に命を守ることになるからね。

それなのに、ときどき仲間の中におかしな奴がいて、酔っ払いみたいにフラフラして、動きも鈍い。

しかも、そういう奴に限って、

「俺様はネズミだ！　猫なんて怖くないんだ」

なんて、豪語して、猫の尿の臭いのする猫のテリトリーにまで踏み込んでしまう。

そういう奴の末路は、言わなくてもわかるだろう。

もちろん、二度と戻ってくることはないよ。

Case 13

猫を怖がらないネズミを作る寄生虫

寄生性原生生物トキソプラズマ わざと宿敵に食べられるようしむける 高度な感染方法

ネズミの驚異的な能力

ここまで様々な寄生生物について紹介してきましたが、我々人間も彼らと無縁ではありません。

まずは「トキソプラズマ」についてお話ししましょう。

タタタタタッ。タタタタタッ。

屋根裏に小動物の駆け回る音がしたかと思うと、次の日にはネズミ特有の強烈な糞尿の臭いが部屋に広がっています。毒エサを撒いたり、ネズミの嫌いな超音波を出す機械を屋根裏に置いたり、ネズミの侵入経路を塞いだり、燻蒸したり……そんな数々の対策も空しく、夜な夜な走る音と、強烈な悪臭に悩まされる。そんな経験をされた方は私以外にもいらっしゃるかもしれません。

ネズミは体こそ小さいですが、その優れた能力によって人間の仕掛けた罠をくぐりぬけ、悠々と人様の家の屋根裏に住み続けたりすることができます。ネズミの行動を変えてしまう寄生虫の話の前に、ネズミの驚くべき能力をご紹介しましょう。

ネズミは犬や猫よりも聴覚が優れているといわれており、超音波といわれる2万ヘルツ以上の周波数も聞き取れるそうです。この優れた聴覚によって、さまざまな種類の音を聞き分け、危険を予測し回避しているのです。そのネズミの聴覚を利用したものが超音波ネズミ撃退器として売られています。ネズミにとってはうるさいと感じる超音波を終始発して、家からネズミを追い払うという仕掛けです。

また、ネズミの体毛とヒゲは、周囲の振動や障害物を敏感に察知することができ、すばやくその場から避難して身を守ります。ネズミを捕獲するための粘着シートもありますが、ヒゲで素早く感知して退避されてしまいます。

ネズミは味覚と嗅覚も優れており、毒の入ったエサを仕掛けても、味や匂いで察知してそのエサは食べないといった習性もあります。また、匂いを感じる嗅覚受容体が、１０００種類以上もあるといわれており、少なくとも人間の3倍近くの嗅覚能力が備わっています。

このように聴覚、触覚、味覚、嗅覚に優れ、警戒心がとても強いネズミがある寄生虫によって、行動が変化させられてしまうことが知られています。その寄生虫が「トキソプラズマ」という極小の微生物です。

ネズミにも猫にも人間にも感染するトキソプラズマ

トキソプラズマとは、アピコンプレックス門コクシジウム綱に属する寄生性原生生物の一種です。幅2～3マイクロメートル、長さ4～7マイクロメートルの半月形の単細胞生物で、人間やネズミを含むほぼ全ての哺乳類・鳥類に寄生してトキソプラズマ症を引き起こします。

この寄生虫はネズミにも猫にも人間にも感染することがありますが、人から人に感染することはありません。人間が感染するのはトキソプラズマのシスト（膜で包まれた休眠中の原虫）で汚染された動物の生肉を食べた場合と、感染猫のフンやそれが混ざった土などと接触した後に経口感染した場合です。

口から入ったトキソプラズマは、消化管壁から細胞内に侵入すると分裂を行いながら活発に増殖します。体内に侵入された人の体もトキソプラズマを排除するため、免疫応答を開始します。するとトキソプラズマは中枢神経系や筋肉内で組織シストと呼ばれる形態になります。組織シストは安定した壁に覆われているため、免疫系の攻撃を受けずに生存を続けることができるのです。

しかし、トキソプラズマに感染したとしても健康な人であれば症状は出ないか、出たとしても、かぜのような軽い症状だと言われています。唯一問題となるのは、妊娠中に初めて感染した場合で、トキソプラズマが胎盤を通過し胎児に移行して、胎児が感染すると、脳や目に障害が出ることがあります。

世界では3分の1もの人がこの寄生虫に感染しており、日本では約10パーセントの人が感染していると言われています。

ほぼ全ての哺乳類・鳥類が感染するトキソプラズマですが、それらは中間宿主であり、最終的に到達して生殖をおこなうことができる終宿主は1種です。その生物とは猫です。つまり、猫への移動手段として人やネズミなどの哺乳類を媒介に用いているのです。

ネズミの行動を操作して猫に食べられやすくする？

トキソプラズマは人間やネズミなどの中間宿主の体内で生育が終わって生殖をおこなえる段階になると、終宿主である猫に移動して、有性生殖をおこないます。つまり、成長段階に合わせて、寄生する宿主を替えなければ成長したり、繁殖したりできません。

そのため、トキソプラズマは成長期に体内でお世話になった中間宿主であるネズミから猫の体内に移動するため、感染したネズミが猫に食べられやすくなるように行動を変化させているのです。

これまでの研究では、トキソプラズマに感染したネズミは、猫に食べられやすいように反応時間が遅くなり、猫の尿の臭いに誘われるようにして徘徊し、無気力になり危険を恐れなくなることが知られています。

最近まで、なぜネズミの行動がこのように変化するのかは謎とされてきましたが、２００９年にイギリスの研究チームがこの謎を解く手がかりを発表しました。

トキソプラズマのＤＮＡを解析した結果、トキソプラズマには脳内物質のドーパミンの合成に関与する酵素の遺伝子があることを突き止めたのです。ドーパミンとは快楽ホルモンと呼ばれるほど快楽、探索心、冒険心に強く影響する脳内物質です。

つまり、この原虫に寄生されたネズミはドーパミンを分泌するため、恐怖がなくなり、自信と冒険心をもって行動し、猫を恐れず大胆不敵に行動するようになったと考えられています。

脳に侵入するトキソプラズマ

トキソプラズマがどのようにしてネズミの行動を操作しているかについては、さらに研究が進められ、宿主の免疫細胞に乗って、宿主の脳内に移動していることがわかりました。

先に説明したように、トキソプラズマは経口摂取によって感染が起こります。宿主側もただ侵入を許すわけではなく、通常、口から侵入した寄生虫や病原菌は宿主の免疫機構によってすぐに排除され、感染が全身に広がらないようにします。しかし、トキソプラズマは、宿主の口から侵入し、全身に広がり、脳を乗っ取るのです。

実は脳にまで達する寄生虫や病原菌というのはとても稀です。脳は動物にとって中枢であり、大変大切な部分であるため、脳を守るために血液脳関門という脳のバリアーがあるからです。

脳以外の毛細血管では、細胞同士の間に大きな隙間があり、大きな分子も通過できますが、脳の毛細血管は内側の細胞がギッシリ並んで隙間がなく、アミノ酸・糖・カフェイン・ニコチン・アルコールなど一部の物質しか通さない機構が備わっています。そうして、大きな分子、病原菌、寄生虫などの有害物質から脳を守っているのです。

しかし、トキソプラズマは脳に侵入することが可能です。その方法の全貌はまだ明らかになってはいませんが、その一部が２０１２年、スウェーデンのカロリンスカ研究所感染症学センターに所属する研究者、アントニオ・バラガン氏のチームによって示されました。

この研究チームがトキソプラズマに感染している実験用マウスを調べたところ、寄生虫などを攻撃して殺すはずの免疫細胞内にトキソプラズマが生息していることを発見しました。この免疫細胞は血液中の白血球の一種で、樹木に似た形状から〝樹状細胞〟と呼ばれています。樹状細胞は通常は免疫系の門番としての役目を果たしています。しかし、トキソプラズマは、本来寄生虫を排除する機能を持つ免疫細胞を使って宿主の体内を移動し、ついには宿主の脳にまで到達していました。しかし、どのようにして免疫細胞を乗り物にしていたのでしょうか。

免疫細胞は刺激を受けない限り動きません。トキソプラズマが操縦できるわけでもなく、樹状細胞は感染していることにさえ気づいておらず、静かにしています。では、何が樹状細胞を動かしていたのでしょうか。

研究チームが詳しく調べた結果、ＧＡＢＡ（ガンマアミノ酪酸）という脳内物質が関係している証拠が得られました。ＧＡＢＡはブレーキの役割を果たす抑制性の神経伝達物質として、多くの脳機能に関わっている物質です。

某大手の菓子メーカーから同名の商品が発売されており、ＧＡＢＡを含んでいるそのチョコレートを食べると心が落ち着き、抗ストレス効果、リラックス効果があると宣伝されています。しかし、口から摂取するＧＡＢＡは脳に直接は作用しません。脳の毛細血管に存在する血液脳関門をＧＡＢＡは通過できないからです。

先に述べたように、脳内に侵入するには血液脳関門を通り抜けなければなりませんが、口から摂取するＧＡＢＡは分子量が大きすぎて通り抜けることができません。脳内に存在するＧＡＢＡは、血液脳関門を通過できるアミノ酸の一種、グルタミンなどから脳内で合成されているものなのです。

話が少し逸れましたが、トキソプラズマに感染した宿主の樹状細胞からはこの脳内物質であるＧＡＢＡが見つかりました。つまり、樹状細胞がトキソプラズマに感染すると、樹状細胞が

ＧＡＢＡを分泌し、それが同じ樹状細胞の外側にあるＧＡＢＡ受容体を刺激し、トキソプラズマに感染した細胞の移動能力が活性化されることが、培養細胞を使った実験で明らかになりました。一方、薬剤によってＧＡＢＡの産生を抑制すると、トキソプラズマに感染した樹状細胞の移動能力は高まらず、その結果、脳へ侵入するトキソプラズマの量も減少することがわかりました。

これらの結果から、トキソプラズマは感染した樹状細胞にＧＡＢＡを強制的に作らせ、ＧＡＢＡによって全身への移動が可能になり、脳に達し、脳を操るという可能性が示唆されました。

ＧＡＢＡは抑制性の神経伝達物質であるため、ＧＡＢＡの量が増えると、リラックスし、恐怖感や不安感が低下する。トキソプラズマに感染すると宿主の恐怖感が減少する理由の１つとして、感染した免疫細胞が脳内へ移動しＧＡＢＡの濃度が高まるためと考えられています。

このように、目に見えないほど小さな微生物であるトキソプラズマは宿主の行動変化をおこさせ、自分に都合の良いように操るという非常に高度な技をもっています。実はこの行動操作はネズミだけではなく、人間にさえ起きているようなのです。

Case 14

ヒトをも操る寄生虫

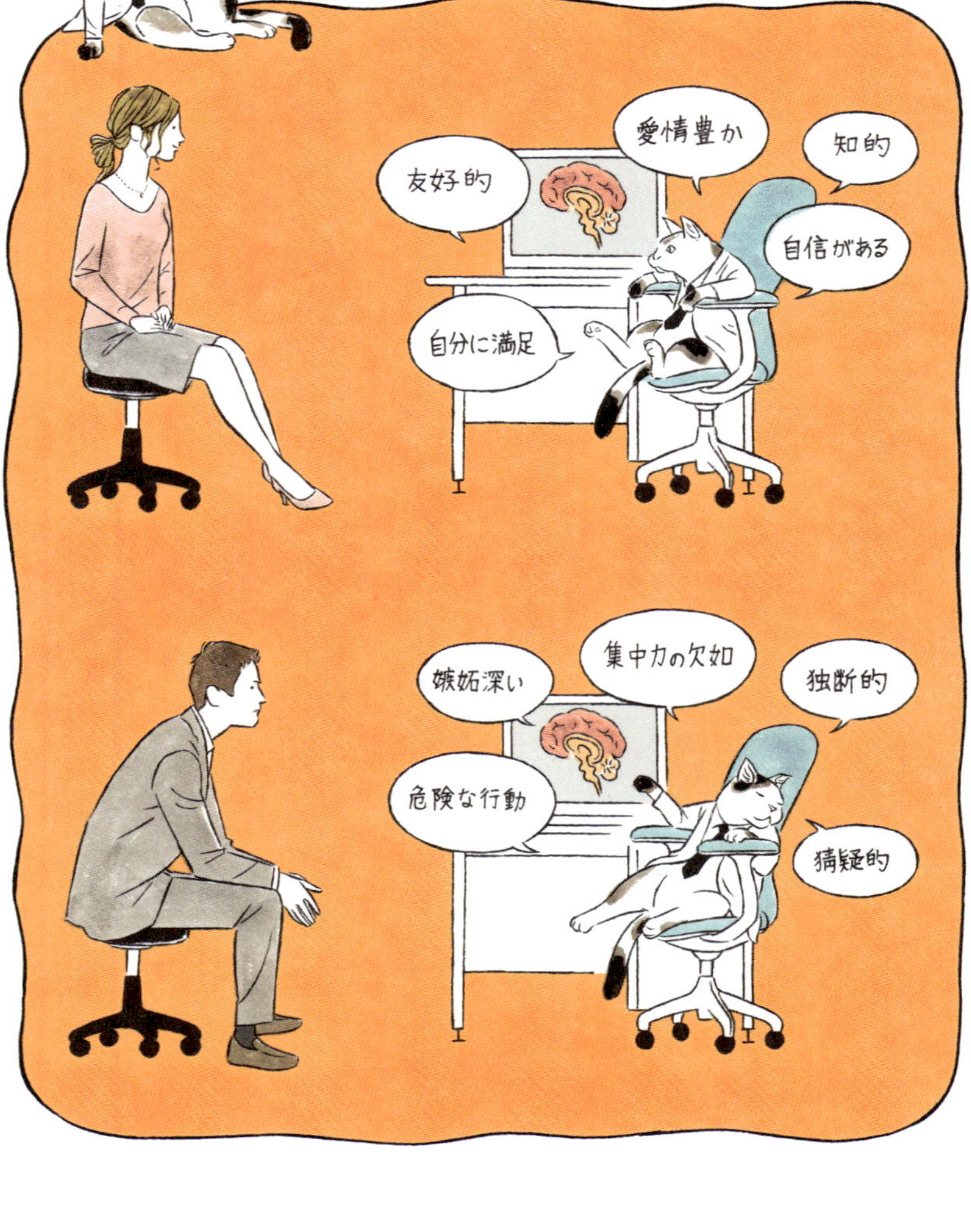

苛立ち――ある人間の物語

りさ子のやつ、俺が怒りっぽくなったとか、嫉妬深くなったとか。

結婚して3年目あたりが一番危ないっていうじゃない。俺は毎日仕事ばかりだし、まぁ、それは結婚当初から変わらないが。にしても、あいつは俺が仕事で遅くなって帰ってきても、穏やかに幸せそうにしている。

同僚からはいい奥さんじゃないかって言われるけど、どうもあやしい気がする。だから、あいつが風呂に入っている間につい携帯電話を見ようとしてしまった。何度もロック解除をしようとしたら警告が出て、俺が携帯を見ようとしたことがばれてしまった。普段は心配になるくらいぼやっとして温厚なあいつが、俺のことを変な目つきで見てきて、具合でも悪いの？　なんて聞いてきた。俺は黙って睨み返して、ドアを思いきり閉めて自室にこもった。

ちょっとすると俺の部屋のドアをカリカリと引っ掻く音がした。半年前にりさ子が拾ってきた黒猫だ。

ドアをあけてやると、ミャーと鳴きながら俺の足にしなやかな尻尾を巻き付けて、ゴールドのガラス玉のような目でまっすぐと顔を覗き込んできた。りさ子がどうしてもというから、しぶしぶ飼うことに同意したんだ。今となっては、むしろ俺の方になついている。

実際、こうやって俺がむしゃくしゃしているときは、決まって部屋に様子を見に来る。

朝になって、俺はりさ子の前では、むすっとした態度で仕事へ行く準備をしていた。すると、りさ子が、

「ねぇ、あなたやっぱり最近ちょっと変よ。昨日のことだけじゃないわ。運転中もささいなことにイライラしていることが多いし、スピード違反で先週も罰金を払ったじゃない。病院で診てもらったら？」

なんてことも言ってきたんだ。あー、思い出したらまた腹が立ってきた。俺の何が変なんだよ。

ビッビーーーーッ!!　ファーーーン！

なんだよっ、信号が青になったことくらいわかってる。ちょっと気づくのが遅くなったくらいで、クラクション鳴らしてくるんじゃない！

よし、降りて行って後ろの車にわからせてやらないとな。

Case 14 ヒトをも操る寄生虫

事故に遭いやすい？ ブチギレやすくなる？ 起業したくなる？ 感染した人間を変える寄生虫の正体とは

あの猫独特のやわらかな毛、しなやかなキャットウォーク、つかみどころのない性格、そして、甘えているときに出すゴロゴロという声。

猫の祖先は約13万年前に中東の砂漠などに生息していたリビアヤマネコだと考えられています。キプロス島にあるシロウロカンボス遺跡で人間と一緒に埋葬されているネコ科動物の遺骨が発見されたことから、約9500年前には人間のパートナーとして扱われていたと予想されています。

古代エジプトでは猫は神の象徴として崇拝されていました。逆に中世ヨーロッパでは悪魔や魔女の手先とされて大量虐殺がおこなわれます。いずれにしても、神や悪魔の化身と思われる神秘的な雰囲気が猫にはあるのでしょう。

さて、その古代から現代にいたるまで9000年以上もの長きにわたって愛されて、人間と生活空間を共にしてきた猫はトキソプラズマという、宿主の行動変化を引き起こす微生物をもっているというお話をしました。この微生物は、猫の体内に戻らなければ繁殖できないので、中間宿主がネズミの場合、行動を変化させ、猫を恐れなくさせて捕まりやすくすることで猫の体内に戻っていきます。

そして、この行動操作はネズミだけではなく、別の形で人間にさえ起きているようなのです。

交通事故に遭いやすくなる?

2006年にトルコで発表された研究では、過去に交通事故を経験した21~40歳の男女185人の運転者と交通事故を経験していない185人（対照群）に対してトキソプラズマに対する2種類の抗体を調べました。

1つはIgM型抗体というもので、これはトキソプラズマに感染して1週間以内ですぐに現れる抗体ですが、感染後3~6カ月後には体内から消えてしまいます。つまり、このIgM抗体を持っている人は、ごく最近トキソプラズマに感染した初期感染者であることを示します。そして、もう一方のIgG型抗体は感染の初期だけでなく治癒後にも産出されるため、この抗体を持っている人はトキソプラズマに感染した経験があることを示します。

この論文では交通事故を経験した人のうち3・24パーセントがIgM型抗体を持ちトキソプラズマの初期感染が疑われました。しかし、同様の年齢層で同じ地域に住む対照群の人でこの抗体をもっていたのは0・54パーセントにとどまり、その割合の差は6倍にもなっていました。

さらに、過去を含めてトキソプラズマに感染した証拠となるIgG型抗体を持つ人の割合は、交通事故を経験した人では24・3パーセントとなり約4人に1人がトキソプラズマに感染した経験を示しましたが、対照群では6・5パーセントしかこの抗体を持っていませんでした。

これらのことから、トキソプラズマの感染と交通事故の危険性の間には相関があるのではないかと考えられ、交通事故を防止するための戦略を練る際には、運転者の潜在的なトキソプラズマ感染の有無を考慮する必要があるかもしれないと考察されています。

さらに、2009年にチェコでは、プラハの中央軍事病院を定期検査のために訪れた3890名の新兵に対して、トキソプラズマ感染と血液のRhD表現型との関連についての調査がされました。RhD表現型とは、ABO型とは別の血液タンパクによる血液型です。

調査の結果、トキソプラズマに感染していてかつRhD陰性の血液型を持つ兵士は、感染しておらずかつRhD陽性の血液型を持つ兵士の6倍も多く交通事故を起こしていたことが明らかになっています。RhD陰性の血液型、つまりはRhDタンパク質が無いことがトキソプラズマとどのように関係して交通事故の発生率を高めているのかは定かではありませんが、これらが何かしら作用していることは明らかです。

トキソプラズマと交通事故の関連性

なぜトキソプラズマに感染すると事故を起こしやすくなるのか？　その理由の1つとして、トキソプラズマに感染すると反応時間が遅くなるためではないかと考えられています。単純な反応時間を測るテストを行ったところ、トキソプラズマに感染している人々は感染していない同年代の人々よりも反応時間が遅いという特徴も見られました。

ブチギレやすくなる？

一方で、人間のメンタル面への影響も示唆されています。

シカゴ大学で１９９１年から行ってきた研究をベースに発表された論文では、キレやすい人とトキソプラズマ感染の関係について論じています。

この実験では新聞・雑誌に「キレる人」の募集広告を掲載し、数週間に１回、数カ月に１回のペースで定期的にキレる人たちを集めました。この場合の「キレる人」というのは、うつ病や不安神経症は併発しておらず、普段はいたって正常であるにもかかわらず、なんらかのきっかけで発作的に手が付けられなくなってしまう人のことです。

この調査では、いわゆる「キレる人」と「普通の人」の間でトキソプラズマ感染率が違ったのです。「キレる人」と「普通の人」合わせて３５８人のうち、「普通の人」のトキソプラズマ感染率は９パーセントで、「キレる人」の感染率は22パーセントだったのです。また、トキソプラズマ原虫に感染すると、「キレる人」でも「普通の人」でも怒りと攻撃性の度合いが高くなるという傾向がありました。しかし、うつや不安神経症が増えるという傾向はありませんでした。

もし、トキソプラズマがメンタルに障害を与えるとしたら、主に2つの仮説が考えられるようです。1つはトキソプラズマ原虫は一度感染すると、体内から完全にいなくなることはなく、免疫で抑えている状態になります。そのため、何らかの原因で免疫系が弱まると、体内にいるトキソプラズマが再活性化してメンタルに影響を与えるという仮説です。2つ目の仮説は、トキソプラズマ原虫に感染すると免疫系そのものが感染を抑えるために常に働き、疲弊してしまうためメンタルに悪影響を与えるという仮説です。

この結果だけでは、トキソプラズマ原虫がキレることを引き起こすと実証されたわけではありませんが、突発的な怒りとトキソプラズマの感染の間には何らかの関係がありそうに思います。

感染による影響は男女で差が出る：男性は嫉妬深く、女性は愛情豊かに？

トキソプラズマの慢性感染によりヒトの行動や人格にも変化が現れるという研究結果はいくつかあり、しかも、男女でその変化には違いがありそうだということもわかってきました。

感染している男性は、集中力の欠如が見られたり、危険な行動に走ったりしやすく、独断的で、猜疑的で、嫉妬深くなる傾向が見られました。一方、感染した女性は社交的で、より知的、友好的で、自分に満足しており、自信があり、社会ルールを重んじ、感受性や愛情が豊かな傾向にあったのです。そして、共通していたのは男女ともに、感染している人は感染していない人に比べてより不安を感じるという点でした。

起業したい、したい！　と思わせる微生物？

２０１８年にはトキソプラズマに感染している人は起業志向が強いとの研究を、アメリカの研究チームが発表しました。この研究では、米国の大学生約１５００人を対象にトキソプラズマ感染と起業への意欲との関連を調査し、さらにトキソプラズマの感染に関する国別データと起業の実態のデータを組み合わせ、世界42カ国について過去25年間にさかのぼって分析しました。

その結果、唾液検査で感染と判定された学生は、感染のない学生に比べてビジネス系の専攻を選ぶ割合が１・４倍高く、ビジネス専攻の中でも会計や財務より経営や起業関連を勉強する割合は１・７倍となっていました。

また、国レベルでも、トキソプラズマの感染率が高い国では、起業を妨げる「失敗することへの恐れ」に言及する回答者の割合が低くなり、トキソプラズマ感染率が高いほど、起業活動や起業志向を高める傾向にあることがわかりました。

トキソプラズマに感染したネズミは猫を恐れず、大胆不敵に行動するようになりますが、トキソプラズマに感染した人間においても似たような感情への作用が引き起こされるのかもしれません。

このように、寄生虫に感染すると人格、性格、感情にまで影響があるのではないかという研究結果を見ると、自分の考えや感情でさえ何に影響を受けているのかわからず不安になってきてしまいます。

Case 15

脳を乗っ取り凶暴化させる寄生ウイルス

Vol.1

異変——ある犬の物語

「シロ……」

さっきまでビクビクと身体を痙攣させては低いうなり声をあげていたシロはもう動かない。

私は、しばらく動かなくなったシロを見つめた。

そして、恐る恐るシロの首元に手を伸ばすと、シロの長い毛に埋もれていた赤い革の首輪に指先が触れた。

シロは体に触れてもピクリともしない。

やっと楽になったね。


真っ白なシロに似合うから、絶対これじゃなきゃ嫌だと買ってもらった赤い首輪は、色あせて、ところどころ革が剝げている。


シロに出会ったときのことを私は何となくしか覚えていないけど、大きな白いぬいぐるみのようなシロは、私が母さんに怒られて泣いていたときも、友達に仲間はずれにされて泣いて帰ってきたときも、熱を出して悪夢にうなされていたときも、真ん丸な目で私をまっすぐ見つめて、そばにいてくれた。

一緒にたくさん走ったし、たくさん遊んだ。

私が嫌いなピーマンが夕食に出たときはテーブルの下にこっそり落としたらシロが代わりに食べてくれた。

私には兄弟がいなかったから、兄弟ってものがどんなものかはわからないけど、シロはきっと兄弟みたいな感じなんじゃないかと思う。

嫌なことがあっても、泣いていても、シロが舌を出してはっはっと笑った顔を見せてくれたら、嫌なことがどこかに吹き飛んでいくようだった。


私の目の前にいるシロは、もう以前のシロなんかじゃない。

毛にはべったりと唾液やら汚れがついていて、物置にある使い古したモップのようになっている。

歯は抜け落ち、血だらけの口の中からだらりと舌が伸びている。

こうなったのは、きっと私のせいだ。

あのとき、私とシロはいつもの散歩道を歩いていた。

シロはあの日も私が学校から帰ってくると、散歩に行きたくてずっと私の周りをウロウロしていた。

私があと10分早く家を出ていたら、あの犬に会うこともなかった。


あの犬は、いつもの散歩道の脇にある竹林からふらっと私たちの前に出てきた。

やせ細り、毛はべったりと汚れ、苦しそうに口を開けて唾液がダラダラ落ち、見るからに異様だった。

迷い犬かな……。

そう思った瞬間、その犬は私に向かってうなり声をあげながら、牙を剝いて突進してきた。

咬まれる！

私はしゃがんで体を丸くして身を守った。

だけど、体のどこにも痛みはない。

「キャウンッ!!」

目を開けると、しゃがんだ私の目の前にはシロが立ちはだかり、首のあたりの白い毛が赤く染まっていった。


その犬は、うなり声をあげ、再びシロに咬みつこうとしている。

「シロ、走って！」

私はリードを強くひき、シロと一緒に走った。

犬は追いかけてきたが、足元がおぼつかないのか、フラフラとしか走れない。

そして、私たちは、無事に家に帰ってくることができた。


シロを病院に連れていき、咬まれた傷の手当をした。

数日すると傷はふさがり、散歩も行けるようになった。

だけど、2週間ほどたった頃、シロはエサを食べなくなった。

エサも水も口にせず、口から泡を吹き、唾液は垂れ流しになっていった。

そして、今まで怒ったり、唸ったりしたことがないシロが牙を剝き、私を見ると咬みつこうとしてくる。

その姿は、まさに、あの日、竹林から出てきた異様な犬だった――そう考えながら、私は昨夜シロに咬まれた指の小さな傷をぐっと押さえた。

Case 15

脳を乗っ取り凶暴化させる寄生ウイルス 1

感染者をほぼ100パーセント死に至らしめる狂犬病ウイルスの脅威

穏やかな犬を狂犬に変える寄生ウイルス。それは狂犬病ウイルスです。このウイルスに感染した犬はウイルスに操られ口からよだれを垂らしながらうめき、攻撃的になり、他の人や動物を咬むことが多くなるのです。このウイルスは感染した生物の脳を操り理由なき怒りを湧きあがらせ、他の生物に感染させるために咬むように仕向けるのです。

ゾンビ映画では、ゾンビに咬まれてしまった人間はゾンビになり、ゾンビになった人は元の人間性を失い、動きも異様で、凶暴になり、他の人間に咬みつくようになるというのが、お決まり

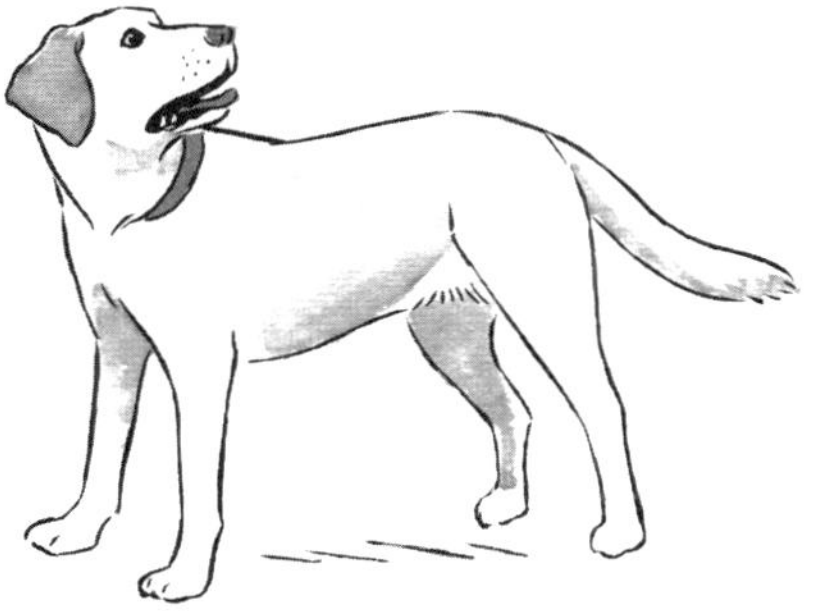

のゾンビ生態です。このゾンビの特徴は、狂犬病の症状に類似しています。狂犬病は犬だけでなく、人間にも感染します。もちろん、犬や人間以外のあらゆる哺乳類が感染します。そして、いったん発病すると治療方法がなく、ほぼ100パーセントが死亡する極めて危険な感染症です。

狂犬病が犬から人に感染することは、少なくとも3000年以上前のバビロニア人には知られていました。そして、現代でも、撲滅できないばかりか、大きな脅威となっており、毎年世界中で約5万5000人の死者を出しています。

それら狂犬病によって命を落とす人の多くは子どもで、狂犬病が疑われる動物に咬まれた人の40パーセントは15歳未満です。そして、感染地域の95パーセント以上はアフリカとアジアですが、日本では最近は内部の発生は見られておりません。しかし、日本においても明治〜大正の時代あたりまでは狂犬病の蔓延に苦しんでいました。

狂犬はなぐり殺せ！　日本における狂犬病

日本で狂犬病の流行が記録されているのは18世紀以降であると見られています。そして、明治時代には、狂犬病が流行し、時にはかなり広範囲に流行が及びました。流行する狂犬病を抑えるべく1873年には東京府で畜犬規則が定められ、狂犬は飼い主が殺処分し、道路上に狂犬がいるときは警察官はじめ誰でもこれを打殺することができるなどが規定されていました。その後も日本各地で狂犬病が流行し、そのたびに犬の大量撲殺がおこなわれました。

しかし、1910年代に入ると、集団予防接種がおこなわれるようになり、狂犬病の発生は減少していき、1956年を最後に発生がありません。

現在、日本は狂犬病の発生がない国となっていますが、最近になっても輸入事例はあります。2006年にフィリピンで犬に咬まれた日本人男性2人が、帰国後に具合が悪くなって入院しますが、すでに発症していたため治療の甲斐なく亡くなっています。

凶暴さを生み出すウイルス

狂犬病を引き起こす原因はラブドウイルス科レイビーズウイルスです。このウイルスの名であるレイビーズは、サンスクリット語の「凶暴」という意味を表す言葉に由来しています。

そもそも、ウイルスというのは生物界ではとても微妙な存在です。ウイルスは生物というよりも物質に限りなく近く、生物と非生物の中間的な存在であると現在では認識されています。ウイルスは自分の遺伝子情報しか持っておらず、通常の生物のように呼吸したり、代謝や排泄をしたり、エネルギーを生み出すこともしません。

また、生物というものは細胞分裂、生殖などいろいろな方法で、自分の複製を自力でおこなうことができます。しかし、ウイルスは自分では自分の複製をすることはできません。では、どうやって増殖するかというと、他の生物の細胞に取りついて、その細胞の機能を乗っ取って自分の複製を製造させているのです。つまり、自分の複製も増殖も他の生物に頼ることしかできず、この点も生物とは全く異なる点です。

穏やかな犬が狂犬になるまで

たいてい狂犬病ウイルスは感染した動物に咬みつかれることによって感染します。咬み傷周囲から侵入したウイルスは、すぐに病気を発症させるわけではありません。ウイルスは咬み傷の筋肉内でまず増殖し、つづいて運動神経末端及び知覚神経末端に侵入します。

増殖したウイルスは、神経を伝わって全身に広がっていき、神経以外の他の部位でも増殖します。すると、唾液、血液や角膜中にウイルスが多量に見られるようになり、さまざまな神経障害が起こってきます。

狂犬病の特徴の1つに、口から泡を吹いてよだれを垂らす症状があります。これは、ウイルスが唾液腺と、ものの飲み込みに関連する神経を攻撃するために起こります。

また、狂犬病は「恐水症」という別名がありますが、これは狂犬病ウイルスが全身に広がると水を恐れるようになるからです。水を恐れるようになるのは、ウイルスのせいで筋肉が痙攣し、水を飲みこむ際に激痛が走るようになるのが原因です。

そして、このウイルスによって病気が発症した犬の多くは凶暴になり、何にでも咬みつき、他の動物にも咬みつくことが多くなり、次なる感染個体が増えていくのです。もちろん、その感染個体は最初に述べたように人間であることもありますが、人間と犬では同じウイルスに感染しても症状の現れ方が違うことがあります。

また、発症したら100パーセント死亡するといわれてきた狂犬病ですが、奇跡の生還を果たした例もわずかではありますが存在します。次項で紹介しましょう。

Case 16

脳を乗っ取り凶暴化させる寄生ウイルス
Vol.2
神経を伝って脳を目指して全身に広がる
ガブッ
狂犬病ウイルス
移動する速さは、一日で数ミリから数十ミリと言われている。
死亡率はほぼ100%
年に1回の狂犬病ワクチン接種の義務が国で定められているの

悪夢——ある少女の物語

シロがいなくなって、３カ月がたった。

私は以前のように学校に通い、シロがいなくなったあと毎晩のように見ていた悪夢を見ることも減っていた。

夢の中のシロは、毎回同じだった。

シロは口からダラダラと唾液を垂らし、低い唸り声をあげながら、体を引きずるように間合いをつめて、私に飛び掛かってくる。

私は、両腕で顔を咬まれるのを避けようとするけど、中指の先にシロの鋭い牙が食い込んでいく。

指先に激痛が走る。

悪夢はいつもそこで終わった。

シロに咬まれた指先の傷はふさがったはずなのに、いつまでも気味の悪い赤紫色をして、悪夢から覚めたときはいつも焼けるような痛みを感じた。


この小さな指先の傷がシロに咬まれた傷であることは、両親には言えなかった。

シロがよだれを垂れ流しながら唸り、咬みつこうとするようになってすぐ、両親はシロを病院に連れていった。

シロはきっと悪い病気にかかっただけで、病院に行ったらきっと元のシロに戻ってくれると、そのときはまだ思っていた。

シロは病院に着くと口輪をはめられ、拘束された。

身動きのとれなくなったシロは、それでもビクビクと身体を痙攣させて、牙を剝き、唸り声をあげていた。

私の方に顔を向けてはいたけど、その目はもう私を見てはいなかった。

どこを見ているのかわからないような狂気と恐怖に歪んだ目をしたシロは、私の知っているシロではなくなっていた。

そして、１本の注射を打たれると、痙攣は収まり、体の力がゆっくりと抜け、そのまま動かなくなった。

口からはだらりとした舌が垂れ、唾液がタラタラと床に落ちていった。

唾液が流れ落ちるのを見つめていた私に病院の先生や両親が、シロに咬まれたりしていないかと念を押すように聞いた。

私はとっさに指先の傷を隠して、咬まれてなんかいないと答えた。

運良くこの中指の小さな傷は、隣の指を揃えていれば隠れるくらい小さいものだった。

こんな小さな傷なんてすぐに治るし、大丈夫だと思った。

もし、この傷があることがばれてしまったら、私もシロと同じように口輪をはめられ、拘束されるのではないかと怖かった。

この小さな傷はいつまでも疼く。

そして、今日はやけに体がだるくて、全身の節々が痛んで、布団から起き上がれない。

母さんを呼ぼうとしたけど、声がかすれてちゃんと出ない。

しばらく布団の中でうずくまっていると……。

「ハッ　ハッ　ハッ」

とシロの吐息が布団の外から聞えたような気がした。

ちがう。

それは苦しくて無意識に早くなった私の呼吸の音だった。

Case 16 脳を乗っ取り凶暴化させる寄生ウイルス 2

コウモリから感染!? 狂犬病から生還した少女の奇跡

人へどうやって感染するか

狂犬病ウイルスには人間を含めたすべての哺乳類が感染します。狂犬病ウイルスは唾液中にたっぷり存在しており、感染した動物は凶暴性を増すため、人への感染は感染動物に咬まれたり、引っかかれた傷に唾液が付着して起こることがほとんどです。

その他の感染経路の例としては、感染動物に目・唇など粘膜部を舐められて感染した例や、ウ

イルスに感染したコウモリが生息する洞窟に入ったことで、気道から狂犬病ウイルスに感染した例があります。

ゾンビ映画のように狂犬病に感染した人間が他の人間を咬むことで感染した例は今のところありませんが、狂犬病に感染していたドナーの角膜、腎臓、肝臓などを移植された患者が狂犬病ウイルスに感染した例があります。

感染してから発症するまでの時間

傷口などから感染したウイルスは神経を伝って脳を目指して全身に広がりながら移動します。狂犬病ウイルスが体内を移動する速度はそれほど早くはありません。移動する速さは1日で数ミリから数十ミリと言われています。

そのため、感染してから発症するまでの潜伏期間は、一般的に、脳から遠い部位を咬まれたほうが長くなり、発症率も低くなる傾向にあるようです。

犬では、約80パーセントが10〜80日の潜伏期間を経て狂犬病を発症しますが、長い場合は1年以上かかる場合もあります。人間では、約60パーセントが30〜90日で発症しますが、中には10日以内で発症したり、7年という長い潜伏期間を経て発症した報告もあります。
ちなみに、症状が現れる前に狂犬病の感染の有無を診断することはいまだにできません。

人間が狂犬病を発症すると

狂犬病の初期の症状は、熱、頭痛、吐き気、などインフルエンザに非常に似ていると言われています。そして、強い不安感、一時的な錯乱、水を見ると首の筋肉が痙攣する恐水症、冷たい風でも痙攣する恐風症、麻痺、運動失調、全身痙攣が起こります。その後、昏睡状態に陥り、呼吸麻痺を起こして死に至ります。

狂犬病が人間でも別名「恐水症」と呼ばれるのは、神経がウイルスに感染することで過敏になり、水を飲もうとすると、水の刺激で反射的に強い痙攣が起こり、水を飲むことを恐れることによるものとお話ししました。

また、こうした症状は、水や風だけでなく光などの刺激でも起こります。しかも、このような症状が起きるときの意識は明瞭なため、強い不安と恐怖を伴うのが特徴です。

狂犬病の2種類の症状――攻撃型か麻痺型か

狂犬病の症状には狂騒型と麻痺型と言われる2種類のタイプがあります。狂騒型では、極度に興奮し攻撃的な行動を示し、他の動物を咬むことがあります。犬では狂犬病の70～80パーセントのケースは狂騒型と言われています。

また、麻痺型は動物を咬むことが少ない症状で、狂騒型の狂犬病よりも劇的ではなく、長い経過をたどります。筋肉は徐々に麻痺し、昏睡状態がゆっくりと進行します。

しかし、症状がどちらの型だとしても、狂犬病は、いったん発病すると有効な治療方法は確立されておらず、死亡率はほぼ100パーセントという非常に恐ろしい病です。

狂犬病から回復した少女

狂犬病に感染した場合、発症前であれば直ちにワクチン接種と免疫血清の投与を行うことで発症を防ぐことができます。狂犬病ウイルスは神経を伝って脳に広がるまでに時間がかかるため、免疫血清とワクチンによる免疫が脳内でのウイルス増殖を阻止し、発症を防ぐと考えられています。一方、先に述べたようにウイルスが脳に達し、発症してしまうと、治療法がなく、助かることはないとされてきました。

ところが、米国で２００４年に狂犬病にかかった15歳の少女が、発症後であるにもかかわらず回復した例が報告されました。

その少女は、病院で診察を受けた際、すでに疲労感、嘔吐、視野攪乱、精神錯乱、運動失調などの症状を示しており、診察時は脳炎が疑われました。その後、すぐに症状は増悪し、唾液過多、左腕の痙攣などが出現してきました。

しかも、少女の両親の話では、４週間前に教会でのミサの最中に窓にぶつかって落ちたコウモリをつかまえて外に出そうとした際、少女は左手親指を咬まれたとのことでした。アメリカではコウモリから狂犬病ウイルスに感染することがしばしばあります。

そして、ウイルスの検査をした結果、少女の血液と髄液で狂犬病ウイルス抗体が見つかります。髄液から狂犬病ウイルス抗体が発見されたということは、少女の脳内にまで狂犬病ウイルスが広がっているということになります。それは絶望的な結果でした。なぜなら、それまで、脳内がウイルスに侵されて助かった人はいなかったからです。

しかし、少女を担当した医師は諦めず、狂犬病ウイルスに関する様々な文献を調べて、脳にまで感染が広がっている少女を救うための治療のヒントを見つけようとしました。様々な文献の情報から、狂犬病ウイルスは脳の細胞を破壊しておらず、脳からの神経伝達を侵すことで、脳からの指令が臓器に届かなくなり、その結果として心臓の活動や呼吸といった機能を破壊し、死に至らしめようとしていると考えられました。

これらの情報から実験的な治療計画を立て、動物実験で狂犬病ウイルスの阻止効果が見られた麻酔薬で昏睡状態に誘導します。これは、脳の活動を抑え、少女の免疫系が抗体を分泌してウイルスを撃退するまで彼女が持ちこたえることを期待してのことでした。

そして、抗ウイルス薬を投与します。すると、少女は7日間昏睡状態が続いた後、徐々に回復し、2カ月半後には退院することができました。

この治療は「ミルウォーキー・プロトコル」と名付けられました。この治療法は人の狂犬病治療における実験的な処置方法で、これまで50名以上に実施され6名が回復したと報告されています。

ウイルスが宿主の攻撃性を引き出す仕組み

ウイルスは、細胞機構も持たず、生物かどうかも怪しい存在です。狂犬病ウイルスは5つの遺伝子しかないにもかかわらず、高度な免疫および中枢神経系を持ち、2万を超える遺伝子を持つ犬の行動を変化させることができます。

これまで、単純な構造しか持たない狂犬病ウイルスが宿主の脳を乗っ取り、感染した宿主をどのように狂乱の攻撃状態に陥らせているかはほとんど不明でした。

しかし、2017年にアメリカの研究チームによって、ヘビ毒素と相同性のある狂犬病ウイルス糖タンパク質の領域が、中枢神経系に存在するニコチン性アセチルコリン受容体を阻害し、宿主の攻撃行動に影響を与える能力を持っている可能性が示されました。

あとがき

地球上の生物は40億年という長い歴史の中で、さまざまな環境に適応しながら進化し、３０００万種ともいわれる多様な生物が生まれ、直接的・間接的に関わり合って生きてきました。その関わり合いの中で、本書で紹介したような寄生生物たちの奇妙な体の形、栄養を得るための巧みな仕組み、繁殖のための優れた生存戦略などが進化してきました。

現在、生物多様性は全世界で危機的な状況にありますが、生物多様性の一番の害になっているのはヒトだと言われています。なぜなら、私たちホモ・サピエンスというたった1種の生物が、２０２０年現在では77億人にまで膨れ上がっているからです。この数がどれだけすごいものか、皆さんにイメージしていただくために、ヒトと同様に全世界に分布して、凄まじい勢いで繁殖していく驚異の存在、本書でも登場した「ゴキブリ」と比較していきたいと思います。

世界に生息するゴキブリの総数は1兆５０００億匹と言われています。ヒトよりもずっと数が多いじゃないか、さすがゴキブリと思われるかもしれませんが、これは世界のゴキブリ約４０００種の総計なため、生物1種としての個体数でいけばヒトの圧勝です。

さらに、動物においては体の大きさに比例して必要とするエネルギーが多くなり、1個体あたりの生活に必要なスペースも広くなるため、地球上に存在する個体数は少なくなります。

ゴキブリとヒトでは体の大きさが違いますので、補正をかけてみます。地球上の全ゴキブリが、もしヒトと同じエネルギーを必要とする体重の生命体だとしたら、世界で何体になるのでしょうか。ゴキブリの体重はクロゴキブリという3センチほどの大きめの種でも2グラム程度です。ヒトの体重を60キロ（6万グラム）とすると、ヒト1体分の重さにするためには、クロゴキブリが3万匹集まって集合体を作る必要があります。

では、地球上のすべてのゴキブリ4000種1兆5000億匹をかき集めて、ヒトの大きさにしたら何人分いるのかを計算してみましょう。すると、約5000万人分でした。つまり、世界の全ゴキブリをまとめたところで、日本の人口の半分にも及ばないのです。

私たちは生物分類学上ではホモ・サピエンス、ホモは「ヒト属」です。現代にはヒト属は私たちしか存在していませんが、これまでにヒト属は十数種存在していたことがわかっています。そして、約2万年前までは私たちと見た目もそっくりなヒト属が存在していたこともわかっていますが、そのヒト属を絶滅させたのは、私たちホモ・サピエンスであるという学説が有力です。もしかしたら、私たちホモ・サピエンスはその頃から多様性を好まず、排他的だったため、他のヒト種を滅ぼし、現在もたった1種で爆発的に地球上にその数を増やしているのかもしれません。そして、私たち1種が増殖しすぎることは、かつてのヒト属だけでなく本書で紹介したような、長い年月をかけて進化したユニークな生物たちを滅ぼしていくことにつながりうるのです。

参考文献

Case 01 カマキリとハリガネムシ

Biron, D.G., Marché, L., Ponton, F., Loxdale, H.D., Galéotti, N.,Renault, L., Joly, C. and Thomas, F. (2005) Behavioural manipulation in a grasshopper harbouring hairworm: a proteomics approach. Proceedings of the Royal Society B: Biological Sciences 272: 2117-2126.

Biron, D.G., Ponton, F., Marché, L. et al. (2006) 'Suicide' of crickets harbouring hairworms: a proteomics investigation. Insect Molecular Biology 15: 731-742.

Thomas, F., Schmidt-Rhaesa, A., Martin, G., Manu, C., Durand, P. and Renaud, F. (2002) Do hairworms (Nematomorpha) manipulate the water seeking behaviour of their terrestrial hosts? Journal of Evolutionary Biology 15: 356-361.

Sato, T., Watanabe, K., Kanaiwa, M., Niizuma, Y., Harada, Y. and Lafferty, K.D. (2011) Nematomorph parasites drive energy flow through a riparian ecosystem. Ecology 92: 201-207.

Case 02・03 エメラルドゴキブリバチ１・２

Haspel, G., Rosenberg, L. A. and Libersat, F. (2003) Direct injection of venom by a predatory wasp into cockroach brain. Journal of Neurobiology 56: 287-292.

Hopkin, M. (2007) How to make a zombie cockroach. Nature News, 29 November.

Libersat, F. (2003) Wasp uses venom cocktail to manipulate the behavior of its cockroach prey. Journal of Comparative Physiology A 189: 497-508.

Rosenberg, L.A.,Glusman, J.G.and Libersat, F. (2007) Octopamine partially restores walking in hypokinetic cockroaches stung by the parasitoid wasp Ampulex compressa. Journal of Experimental Biology 210: 4411-4417.

Case 04 ゾンビアリ

Andersen, S.B., Hughes, D.P. (2012) Host specificity of parasite manipulation : Zombie ant death location in Thailand vs. Brazil. Communicative & Integrative Biology 5 : 163-165.

Evans, H.C., Elliot, S.L., Hughes, D.P. (2011) Hidden Diversity Behind the Zombie-Ant Fungus Ophiocordyceps unilateralis : Four New Species Described from Carpenter Ants in Minas Gerais , Brazil. PLoS ONE 6 : e17024.

Hughes, D.P., Andersen, S.B., Hywel-Jones, N.L., Himaman, W., Billen, J. and Boomsma, J.J. (2011) Behavioral mechanisms and morphological symptoms of zombie ants dying from fungal infection. BMC Ecology 11-13.

Case 05 ゾンビイモムシ

Adamo, S., Linn, C., Beckage, N. (1997) Correlation between changes in host behaviour and octopamine levels in the tobacco hornworm Manduca sexta parasitized by the gregarious braconid parasitoid wasp Cotesia congregata. Journal of Experimental Biology 200 : 117-127.

Brodeur, J., Vet, L.E.M. (1994) Usurpation of host behaviour by a parasitic wasp. Animal Behaviour 48 : 187-192.

Grosman, A.H., Janssen, A., de Brito, E.F.,Cordeiro, E.G., Colares, F., Fonseca, J.O.,

Lima, E.R., Pallini, A. and Sabelis, M.W. (2008)　Parasitoid increases survival of its pupae by inducing hosts to fight predators. PLoS ONE 3：e2276.
『ゾンビ伝説　ハイチのゾンビの謎に挑む』ウェイド・デイヴィス／樋口幸子訳（1998）第三書館

Case 06　フクロムシとメス化するカニ

Glenner, H., Hebsgaard, M.B. (2006)　Phylogeny and evolution of life history strategies of the parasitic barnacles (Crustacea, Cirripedia, Rhizocephala). Molecular Phylogenetics and Evolution 41：528-538.
Walker, G. (2001)　Introduction to the Rhizocephala (Crustacea：Cirripedia). Journal of Morphology 249：1-8.
高橋徹「性をあやつる寄生虫、フクロムシ」『フィールドの寄生虫学――水族寄生虫学の最前線』長澤和也編著 (2004) 東海大学出版会

Case 07　アカシアアリ

Clement, L.W., Köppen, S.C.W., Brand, W.A., Heil, M. (2008)　Strategies of a parasite of the ant-Acacia mutualism. Behavioral Ecology and Sociobiology 62：953-962.
Heil, M., Rattke, J., Boland, W. (2005)　Postsecretory hydrolysis of nectar sucrose and specialization in ant / plant mutualism. Science 308：560-563.

Case 08　サムライアリ

Liu, Zhibin, Bagnères, Anne-Geneviève, Yamane, S., Wang, Qingchuan and Kojima, J. (2003)　Cuticular hydrocarbons in workers of the slave-making ant Polyergus samurai and its slave, Formica japonica (Hymenoptera：Formicidae).　Entomological Science 6：125-133.
Martin, S.J., Takahashi, J., Ono, M. and Drijfhout, F. P. (2008)　Is the social parasite Vespa dybowskii using chemical transparency to get her eggs accepted? Journal of Insect Physiology 54：700-707.
Tsuneoka, Y. (2008)　Host colony usurpation by the queen of the Japanese pirate ant, Polyergus samurai (hymenoptera：formicidae). Journal of Ethology 26：243-247.

Case 09・10　産み逃げ上等！　カッコウの托卵戦略１・２

Feeney, W.E., Welbergen, J.A., Langmore, N.E. (2014)　Advances in the Study of Coevolution Between Avian Brood Parasites and Their Hosts. Annual Review of Ecology, Evolution, and Systematics 45: 227-246.
Lotem, A., Nakamura, H., Zahavi, A. (1995)　Constraints on egg discrimination and cuckoo-host co-evolution. Animal Behaviour 49: 1185–1209.
Stevens, M., Troscianko, J., Spottiswoode, C.N. (2013)　Repeated targeting of the same hosts by a brood parasite compromises host egg rejection. Nature Communications 4: 2475.
中村浩志 (1990)「カッコウと宿主の相互進化」『遺伝』44　pp.47–51.
佐藤哲 (2008)「ナマズ類の多様な繁殖行動」『鯰〈ナマズ〉　イメージとその素顔』pp.164-178.

Case 11 **あるテントウムシの受難**
Dheilly, N.M., Maure, F., Ravallec, M., Galinier, R., Doyon, J., Duval, D., Leger, L., Volkoff, A.N., Missé, D., Nidelet, S., Demolombe, V., Brodeur, J., Gourbal, B., Thomas,F. and Mitta, G.（2015） Who is the puppet master? Replication of a parasitic wasp-associated virus correlates with host behaviour manipulation. Proceedings of the Royal Society B, 282：20142773.
Maure, F., Brodeur, J., Ponlet, N., Doyon, J., Firlej, A., Elguero, É. and Thomas, F.（2011） The cost of a bodyguard. Biology Letters 7：843-846.
Triltsch, H.（1996）On the parasitization of the ladybird Coccinella septempunctata L.（Col., Coccinellidae） Journal of Applied Entomology 120：375-378.

Case 12 **クモの巣のデザインを操作するハチ**
高須賀圭三（2015）「クモヒメバチによる寄主操作—ハチがクモの造網様式を操る—」『生物科学』66 pp.89-100.
Takasuka, K., Yasui, T., Ishigami, T., Nakata, K., Matsumoto, R., Ikeda, K., Maeto, K.（2015） Host manipulation by an ichneumonid spider ectoparasitoid that takes advantage of preprogrammed web-building behaviour for its cocoon protection. Journal of Experimental Biology 218：2326-2332.

Case 13 **猫を怖がらないネズミを作る寄生虫／** *Case 14* **ヒトをも操る寄生虫**
Berdoy, M., Webster, J.P., Macdonald, D.W.（2000）Fatal attraction in rats infected with Toxoplasma gondii. Proceedings of the Royal Society B:Biological Sciences 267: 1591–1594.
Fuks, J.M., Arrighi, R.B., Weidner, J.M., Kumar, Mendu S., Jin, Z., Wallin, R.P., Rethi, B., Birnir, B., Barragan, A.（2012）GABAergic signaling is linked to a hypermigratory phenotype in dendritic cells infected by Toxoplasma gondii. PLoS Pathogens 8: e1003051.
Flegr, J., Klose, J., Novotná, M., Berenreitterová, M., Havliček, J.（2009） Increased incidence of traffic accidents in Toxoplasma-infected military drivers and protective effect RhD molecule revealed by a large-scale prospective cohort study. BMC Infectious Diseases 9:72.
Havliček, J., Gasová, Z.G., Smith, A.P., Zvára, K., Flegr, J.（2001） Decrease of psychomotor performance in subjects with latent ‘asymptomatic’ toxoplasmosis. Parasitology 122: 515-520.
Yereli, K., Balcioğlu, I.C., Ozbilgin, A.（2006） Is Toxoplasma gondii a potential risk for traffic accidents in Turkey? Forensic Science International 163: 34–37.
Sugden, K., Moffitt, T.E., Pinto, L., Poulton, R., Williams, B.S., Caspi, A.（2016） Is Toxoplasma Gondii Infection Related to Brain and Behavior Impairments in Humans? Evidence from a Population-Representative Birth Cohort. PLoS One 11：e0148435.
Johnson, S.K., Fitza, M.A., Lerner, D.A., Calhoun, D.M., Beldon, M.A., Chan, E.T., Johnson, P.T.J.（2018） Risky business: linking Toxoplasma gondii infection and

entrepreneurship behaviours across individuals and countries. Proceedings of the Royal Society B: Biological Sciences 285: 20180822.
Coccaro, E.F., Lee, R., Groer, M.W., Can, A., Coussons-Read, M., Postolache, T.T. (2016) Toxoplasma gondii infection: relationship with aggression in psychiatric subjects. Journal of Clinical Psychiatry 77: 334-341.

Case 15・*16* 脳を乗っ取り凶暴化させる寄生ウイルス１・２

Hueffer, K., Khatri, S., Rideout, S., Harris, M.B., Papke, R.L., Stokes, C., Schulte, M.K. (2017) Rabies virus modifies host behaviour through a snake-toxin like region of its glycoprotein that inhibits neurotransmitter receptors in the CNS. Scientific Reports 7: 12818.
Johnson, M., Newson, K. (2006) Hoping again for a miracle. Milwaukee Journal Sentinel
Fooks, A.R., Johnson, N., Freuling, C.M., Wakeley, P.R., Banyard, A.C., McElhinney, L.M., Marston, D.A., Dastjerdi, A., Wright, E., Weiss, R.A., Müller, T. (2009) Emerging technologies for the detection of rabies virus: challenges and hopes in the 21st century. PLoS Neglected Tropical Diseases 3: e530.
Moore, J. (2002) Parasites and the behavior of animals. Oxford University Press, Oxford.
Poulin, R. (1995) "Adaptive" changes in the behaviour of parasitized animals: A critical review. International Journal for Parasitology 25:1371-1383.
Pawan, J.L. (1959) The transmission of paralytic rabies in Trinidad by the vampire bat (Desmodus rotundus murinus Wagner). Caribbean Medical Journal 21: 110-136.
厚生労働省：狂犬病に関するQ&Aについて

カバー・本文イラスト　村林タカノブ
装幀　新潮社装幀室

えげつない！ 寄生生物《きせいせいぶつ》

発　行　2020 年 3 月 15 日
3　刷　2021 年 9 月 25 日

著　者　成田聡子《なりたさとこ》

発行者　佐藤隆信
発行所　株式会社新潮社
〒 162-8711　東京都新宿区矢来町 71
電話　編集部　03-3266-5611
読者係　03-3266-5111
https://www.shinchosha.co.jp

印刷所　半七写真印刷工業株式会社
製本所　加藤製本株式会社

ISBN 978-4-10-353151-7 C0095